KB144609

질의 응답으로 알아보는

방사선 방사능 이야기

타다 준이치로 지음 | 김기복 번역 | 정홍량 감역

BM (주)도서출판 성안당
日本 옴사 · 성안당 공동 출간

질의 응답으로 알아보는
방사선·방사능 이야기

Original Japanese edition
Houshasen, Houshanou ga yoku wakaru Hon
By Jyunichiro Tada
Copyright © 2011 by Jyunichiro Tada
published by Ohmsha, Ltd.

This Korean Language edition co-published by Ohmsha, Ltd. and Sung An Dang, Inc.
Copyright © 2018~2022
All rights reserved.

이 책은 Ohmsha와 BM (주)도서출판 성안당의 저작권 협약에 의해 공동 출판된 서적으로, BM (주)도서출판 성안당 발행인의 서면 동의 없이는 이 책의 어느 부분도 재제본하거나 재생 시스템을 사용한 복제, 보관, 전기적·기계적 복사, DTP의 도움, 녹음 또는 향후 개발될 어떠한 복제 매체를 통해서도 전용할 수 없습니다.

머리말

방사선이나 방사능이라 하면, 부정적으로 생각하는 사람이 많다. 개중에는 인류를 위협하는 무서운 존재로 인식하고 꺼리는 사람도 있다. 그러나, 방사선과 방사능은 결코 초자연적인 것이 아니다. 자연의 일부이다. 우주의 시작인 빅뱅 직후에는 이 세상에 방사선밖에 없었다. 별들과 지구를 형성하는 물질이 방사선에서 생긴 것은 우주가 팽창하여 충분히 차가워진 다음의 일이었다. 오늘날에도 방사선은 우주에 가득 차 있고, 다른 물질과 함께 우주를 형성하고 있다.

과학이 발달하기 이전에는 천둥 번개보다 더 사람들을 놀라게 한 자연현상은 없었다. 하늘이 노해서 내리는 두려움의 대상이었던 것이다. 낙뢰의 위험성은 현대에도 그 시대와 다르지 않다. 그러나 프랭클린의 실험으로 번개란 방전에 의한 발광현상이라는 것을 알게 되었다. 그리고 초등학교부터 전기의 성질을 배워 온 현대인들은 번개에 대해서 미신적인 두려움에서 벗어나게 되었다. 그러므로 뇌운 속에서 경기를 계속하다 감전사한 골퍼가 있다면 신에 대한 두려움이 아닌, 자신의 경솔한 행동에 대해 비판을 받을지도 모른다.

방사선이나 방사능도 이와 마찬가지다. 확실히 대량의 방사선이 사람의 건강이나 생명을 위협했던 예는 과거에 여러 번 있었다. 그러나 그러한 위험을 피하기 위해 무서워하기만 한다면 번개를 두려워했던 옛 사람들과 다를 것이 없다. 중국 전국시대의 병법가 손자(孫子)는 "적을 알고 나를 알면 백 번 싸워도 백 번 이긴다."는 유명한 말을 남겼다. 방사선이나 방사능의 피해를 방지하려면, 손자의 말 그대로 그것들이 어떤 성질을 갖고 있으며, 어떤 식으로 피해를 주는지 알아 둘 필요가 있다. 이 책이 그 일에 도움이 되기를 바란다.

후쿠시마(福島) 원전 사고로 인한 불안에 대응하기 위해 본서를 기획한 옴사 출판부의 여러분들과, 이 책의 집필에 여러 가지 조언을 해주신 니와 오쓰라(丹羽太貫) 교토대학(京都大學) 명예교수와 NPO 방사선 안전 포럼의 스즈키 세이시로(錦本征四郎) 이사 외 여러 분들에게 감사의 말씀을 드린다.

타다 준이치로(多田順一郎)

CONTENTS

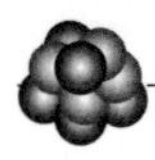

CHAPTER 03

알아두어야 할 방사능 지식

CHAPTER 04

자연으로부터 받는 방사선이란?

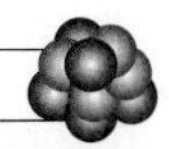

CHAPTER 05

원자력에 대한 의문

CHAPTER 06

방사선이 건강에 미치는 영향

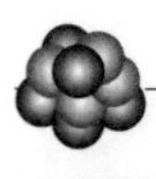

CHAPTER 07

방사선에 대한 안전규제

CHAPTER 08

방사선·방사능 사고

1장 방사선과 방사능 이야기를 시작하기 전에

1-1 우주의 물질

지구상의 모든 물질은 원자(原子)로 되어 있다. 원자는 산소나 철 등 원소(元素)를 이루는 최소 단위로, 자연에는 가장 가벼운 수소원자부터 가장 무거운 우라늄원자까지 92 종류의 원자가 있다(19페이지 참조). 한 개의 원자는 대부분 지름이 0.1 나노미터(nm; 1mm의 천만분의 1) 정도의 크기로, 마이너스 전기를 띤 궤도전자가 플러스 전기를 띤 원자핵을 구름처럼 에워싸며 선회하고 있다. 궤도전자는 원자핵의 쿨롱력(Coulomb force; 플러스와 마이너스의 전하가 서로 끌어당기는 힘)의 장에 붙잡혀 있는데, 그 결합 방법은 불연속으로만 바뀌기 때문에 전자의 궤도(전자구름의 분포)는 쿨롱장의 구속 강도에 따라서 띄엄띄엄 변화한다.

원자핵은 수 펨토미터(fm; 1mm의 1조분의 1)의 직경을 가진다. 원자핵이 골프공 크기라고 가정한다면 원자의 직경은 1km 정도가 된다. 원자와 원자핵의 크기가 극단적으로 다르기 때문에 원자의 대부분은 전자구름이 차지하고 있고, 원자의 전체상은 모식적으로밖에 묘사할 수가 없다(직경 1km 광장 한가운데에 있는 골프공을 도화지에 그린다고 상상해보라).

원자핵은 단 1개의 양성자만으로 되어 있는 수소를 제외하고 플러스 전하를 띤 양성자와 전하를 갖지 않는 중성자로 구성되어 있다. 원자핵 내의 양성자와 중성자는 강력하지만 인접한 입자끼리만 작용되는 힘(핵력)으로 거의 빈틈없이 다져져 있다. 양성자와 중성자의 질량은 거의 같은데, 전자(電子)는 그의 약 $\frac{1}{1836}$ 정도의 질량밖에 되지 않는다. 즉, 원자의 질량 대부분은 매우 작은 원자핵에 집중되어 있는 셈이다. 그래서 원자핵의 질량과 거의 비례하는 '양성자와 중성자 수의 합계'를 질량수(質量數)라 부른다.

양성자 1개의 플러스 전하와 전자 1개의 마이너스 전하는 같은 크기를 가지며, 이 기본 전하를 소전하(素電荷)라 부른다. 원자핵을 구성하는 양성자의 개수를 원자번호(原子番號)라 하며, 그 원소의 화학적 성질을 특징짓는다. 중성의 원자는 원자번호와 같은 수의

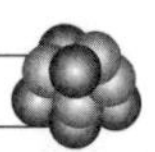

궤도전자를 갖는데, 원자가 다른 원자에게 접근하면 각각의 원자핵을 둘러싼 궤도전자의 구름이 서로 겹친다. 그 겹치는 방식에 의해서 서로 밀고 당기는 힘이 두 원자 사이의 화학적인 성질을 만들어 내기 때문이다.

양성자의 수가 같고 중성자의 수가 다른 원자핵을 동위체(同位體) 또는 동위원소(同位元素; isotope)라 부른다. 동위원소는 같은 수의 궤도전자를 가지므로 완전히 같은 화학적 성질을 가지고 있다. 따라서, 화학적인 방법으로는 이 둘을 구별할 수가 없다.

궤도전자는 원자핵의 쿨롱장이 취하고 있는 에너지보다 큰 에너지를 얻게 되면, 원자 밖으로 날아가고, 그 다음에는 플러스 전하를 띤 이온이 남게 된다. 이 현상을 원자의 전

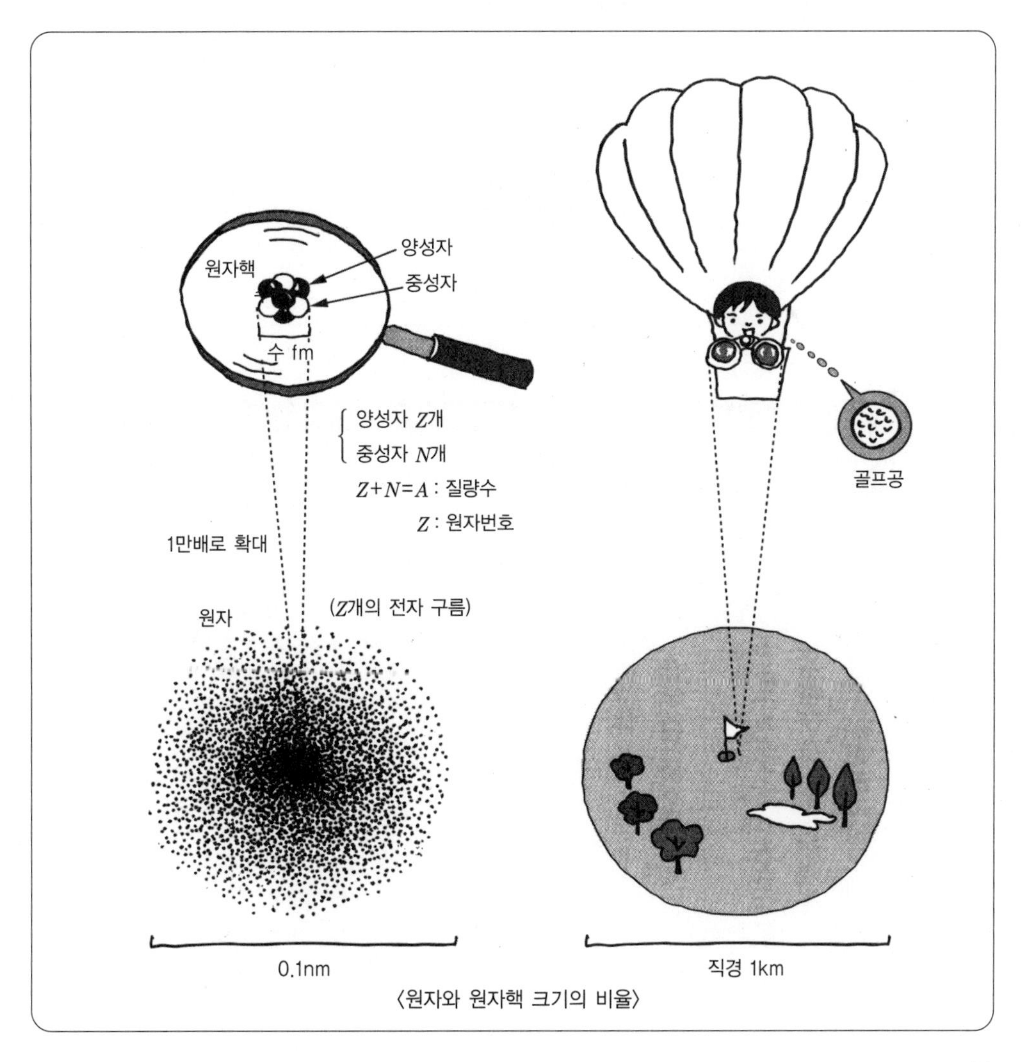

〈원자와 원자핵 크기의 비율〉

리(電離; ionization)라 한다. 궤도전자가 획득한 에너지가 전리를 일으키기에 부족할 경우, 전자는 보다 결속력이 느슨한 궤도(보다 넓고 희박하게 원자핵을 감싸는 분포 상태)로 옮기는 경우가 있는데, 이러한 현상을 원자의 여기(勵起; excitation)라 한다. 여기 상태의 원자는 불안정하지만, 전자구름이 보다 먼 곳에까지 퍼져 있기 때문에 다른 원자의 전자구름과 겹치는 기회가 늘어 화학반응을 일으키기 쉬운 상태가 된다.

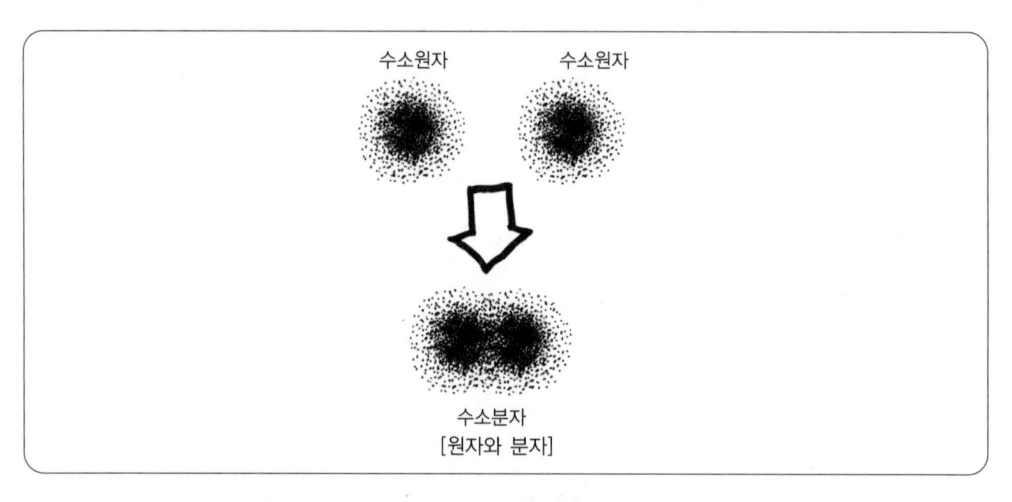

[원자와 분자]

〈동위원소의 예〉

원소	궤도전자 수	양성자 수	중성자 수	질량수	붕괴 형태	반감기
수소(중수소) (트리튬)	1	1	0	1	안정	
			1	2	안정	
			2	3	β^-	12년
탄소	6	6	5	11	β^+	20초
			6	12	안정	
			7	13	안정	
			8	14	β^-	5700년
우라늄	92	92	⋮	⋮		
			140	232	α	69년
			141	233	α	16만년
			142	234	α	25만년
			143	235	α	7억년
			144	236	α	23백만년
			145	237	β^-	210시간
			146	238	α	45억년
			147	239	β^-	23분
			⋮	⋮		

질량수가 235인 우라늄을 우라늄 235, 238인 우라늄을 우라늄 238 등으로 부른다.

1-2 아인슈타인의 $E = mc^2$

알베르트 아인슈타인(Albert Einstein)이 중요한 3편의 논문을 발표한 지 100년째인 2005년의 일이다. 거리를 걷다가 가슴과 등에 '$E=mc^2$'라고 쓰여진 셔츠를 입은 아이들을 만났다. 아인슈타인의 업적을 기리는 뜻인지 아닌지는 모르지만 아무래도 이 식이 아이들의 패션에 사용될 정도로 우리들에게 친숙해진 것 같다. 과학을 좋아하는 아이들이라면 m이 질량이고, c가(진공 중의) 빛의 속도이며, '$E=mc^2$'이 '정지 에너지'라는 것까지도 알고 있을지도 모른다. 그러나 이 간단한 식이 갖고 있는 중요한 의미는 잘 알려져 있지 않은 것 같다.

아인슈타인이 1905년에 발표한 「특수상대성이론」에 등장하는 질량과 에너지의 관계를 나타내는 이 식은 여러 가지 현상을 설명하는 열쇠가 된다. 그 중 하나로 양성자와 중성자가 원자핵으로 뭉쳐져 있는 이유가 있다. 원자핵의 질량은 그것을 구성하고 있는 양성자와 중성자 각 질량의 합계보다 가볍기 때문이다. 이 사라진 질량을 '질량결손'이라 한다.

이 사라진 질량에 진공 중의 광속도의 제곱을 곱해서 얻어진 정지 에너지(원자핵의 결합 에너지)가 양성자와 중성자를 한 덩어리로 모으는 데 사용되는 것이다. 즉, 중성자나 양성자 1개당 원자핵의 결합 에너지가 매우 크기 때문에 그 이상으로 큰 에너지를 획득하지 않는 한, 중성자나 양성자는 원자핵으로부터 탈출할 수가 없다.

다른 말로 표현하면 아득히 먼 과거에 양성자와 중성자가 모여 그 원자핵을 형성했을 때, 질량결손에 상당하는 정지 에너지가 방사선이 되어 우주의 저편으로 날아가 버렸기 때문에 그 이후 원자핵 속의 양성자와 중성자는 에너지가 부족해 바깥으로 날아갈 수 없게 되버린 것이다.

같은 이유로 원자의 질량은 그것을 구성하는 원자핵과 전자 질량의 합계보다 궤도전자를 원자핵에 떨어지지 않도록 묶고 있는 에너지 양만큼 가볍다. 그러나 궤도전자를 원자핵에 결합시키고 있는 에너지는 원자핵 속에서 양성자와 중성자를 결합시키고 있는 에너지의 100분의 1도 채 안되기 때문에 우리는 그 사라진 질량을 못느낀다. 이것을 역으로 생각하면 화학반응이 관계할 정도의 에너지에서는 정지 에너지의 방출이나 흡수를 방사선(Q2-1에서 설명하는 전리성 방사선)으로서 관측할 수 없다는 것을 의미한다.

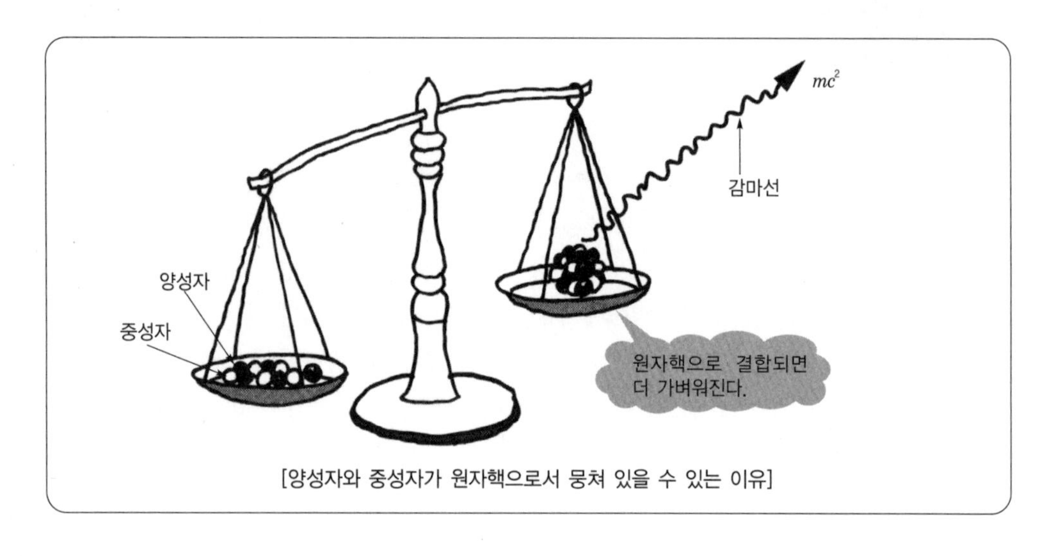

[양성자와 중성자가 원자핵으로서 뭉쳐 있을 수 있는 이유]

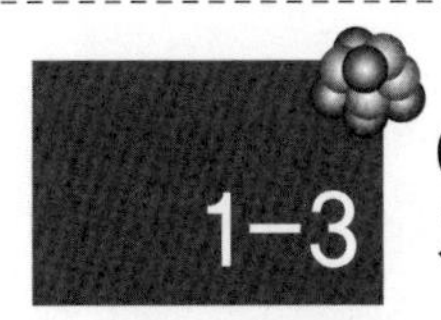

1-3 에너지를 표시하는 기본 단위 전자 볼트

방사선이나 원자, 원자핵이 관계하는 현상을 나타낼 때, 전자 볼트(electron volt=eV)라는 특별한 단위가 사용된다. 1전자 볼트란, 전자를 1볼트의 전압으로 가속시켰을 때 얻어지는 에너지를 말한다. 그러나 이런 설명만으로는 느낌이 오지 않으므로, 물리학자 조지 가모브(George Gamow)가 말한 비유를 들어 설명해 보겠다.

벼룩의 평균체중은 약 1밀리그램이다. 이 벼룩이 지구상에서 1센티미터의 높이에서 뛰

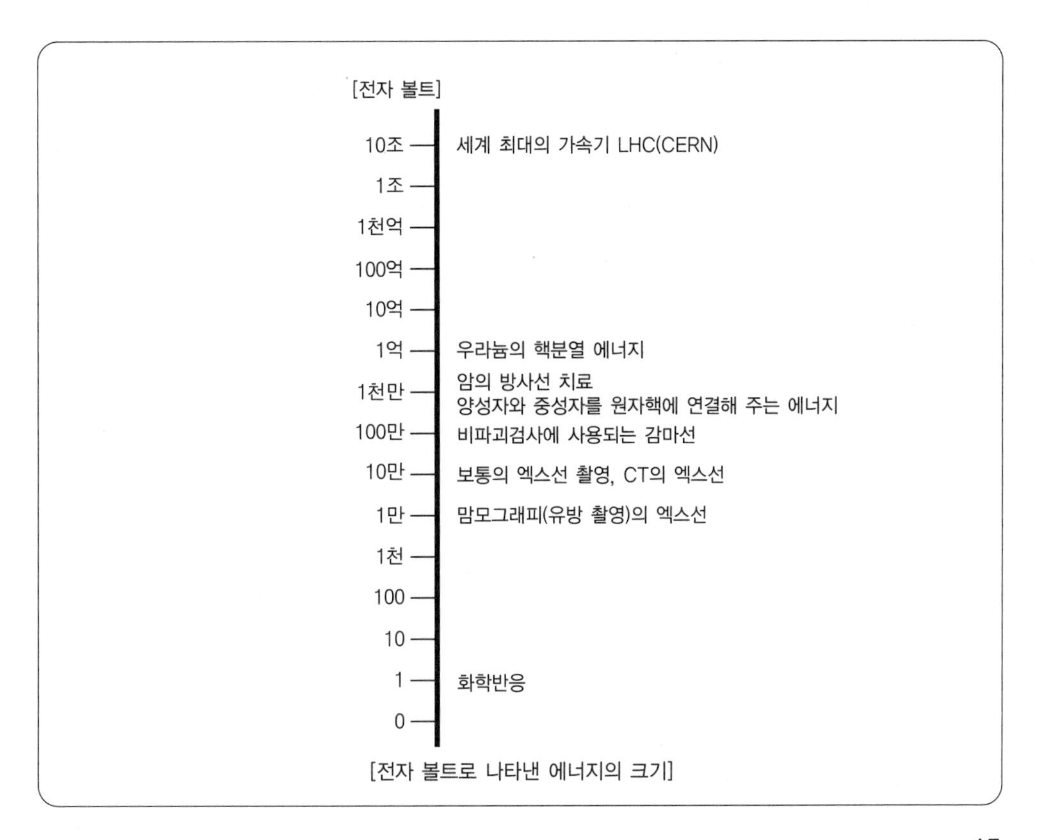

[전자 볼트로 나타낸 에너지의 크기]

어내렸을 때 얻는 에너지는 약 1조 전자 볼트가 된다. 그러니까 1전자 볼트는 아주 작은 벼룩에게도 문제가 되지 않을 만큼 작은 에너지이다.

그러나 전자의 체중(질량)은 벼룩 체중의 1조분의 1을 또다시 나눈, 1조분의 1 정도에 지나지 않는다. 이렇게 보면 1전자 볼트라는 양의 에너지가 전자에 있어서는 매우 큰 것임을 알 수 있다. 바꿔 말하면, 전자에 있어 1전자 볼트라는 에너지는 벼룩에게는 짐을 가득 실은 덤프카를 1미터의 높이에서 떨어뜨렸을 때 얻게 되는 에너지에 필적한다. 만약 벼룩을 그 정도의 에너지로 가속한다면 벼룩이 얻게 되는 스피드는 초속 4백 킬로미터(음속의 1천배 이상)나 되어, 벼룩은 순식간에 공중에서 불타버리게 될 것이다.

좀 더 구체적인 예를 전자 볼트의 단위로 나타내 보겠다. 원자핵에서 가장 먼 궤도전자를 떼어내서 이온을 만드는 데 필요한 에너지는 가장 작은 나트륨이나 칼륨이 수 전자 볼트, 가장 큰 헬륨이 24전자 볼트이다.

그러나 우라늄 원자핵의 가장 가까이에 있는 궤도전자를 전리하려면, 약 십만 전자 볼트가 필요하다. 한편, 원자핵 안에 양성자와 중성자를 결합시키고 있는 에너지는 천만 전자 볼트 가까이 되며 우라늄 원자핵 1개가 핵분열할 때 방출하는 에너지는 약 2억 전자 볼트이다.

인류가 만든 최대의 입자 가속기(소설 「천사와 악마」에도 등장하는 CERN(유럽 합동소립자원자핵연구기구) 연구소의 지하에 있는 1바퀴에 27킬로미터인 대형강입자충돌기(LHC))는 7조 전자 볼트까지 양성자를 가속시킬 수 있다. 그러나, 지금까지 관측된 가장 에너지가 큰 우주선은 2해(垓; 1조의 억배) 전자 볼트였다.

1-4 단위의 접두어

전자 볼트로 나타낸 에너지의 실례에서 알 수 있듯이, 다양한 질량을 하나의 단위로 나타내다 보면 극단적으로 큰 숫자나, 극히 작은 숫자를 사용할 수밖에 없는 경우가 있다. 나라 예산이 몇 천조 단위라면 '조(兆)'라는 단위는 감각적으로 알 수 있을지 모르겠지만, 그 위의 경(京)이나 해(垓)가 되면 아주 실감하기 어려우며 숫자로 표현해 계산하는 것도 불편하다.

그래서 국제단위계(SI 단위계)의 약속에서는 기본적으로 천배 또는 천분의 1배마다 그것을 나타내는 '접두어(접두사)'를 붙이도록 규칙을 정하고 있다. 킬로그램이나 킬로미터의 킬로(k; kilo), 밀리그램이나 밀리미터의 밀리(m; milli) 등은 비교적 익숙한 접두어이다. 한숫자 표기(漢數字表記)는 1만 배마다 바뀌는 구조이므로, 국제단위의 접두어와 다른 차이점에 주의해야 한다.

18페이지에 나타낸 표는 국제단위계가 정하는 단위의 접두어 일람이다. 또한 습관적으로 사용해온 백배를 나타내는 헥토(h; hecto)나 백분의 1을 나타내는 센티(c; centi) 등 4종류의 접두어는 '천배 또는 천분의 1'이라는 룰에서 벗어나 있다.

[국제단위계(SI 단위계)가 정한 단위의 접두어]

10^{n}	십진수 표기	접두사	기호	한숫자 표기
10^{24}	1 000 000 000 000 000 000 000 000	요타(yotta)	Y	1자(秭)
10^{21}	1 000 000 000 000 000 000 000	제타(zetta)	Z	10해(垓)
10^{18}	1 000 000 000 000 000 000	엑사(exa)	E	100경(京)
10^{15}	1 000 000 000 000 000	페타(peta)	P	1000조(兆)
10^{12}	1 000 000 000 000	테라(tera)	T	1조(兆)
10^{9}	1 000 000 000	기가(giga)	G	10억(億)
10^{6}	1 000 000	메가(mega)	M	100만(萬)
10^{3}	1 000	킬로(kilo)	k	천(千)
10^{2}	1 00	헥토(hecto)	h	백(百)
10^{1}	10	데카(deca,deka)	da	십(十)
10^{0}	1	없음	없음	일(一)
10^{-1}	0.1	데시(deci)	d	10분의 1 1분(分)
10^{-2}	0.01	센티(centi)	c	100분의 1 1리(厘)
10^{-3}	0.001	밀리(milli)	m	1000분의 1 1모(毛)
10^{-6}	0.000 001	마이크로(micro)	μ	100만분의 1 1미(微)
10^{-9}	0.000 000 001	나노(nano)	n	10억분의 1 1진(塵)
10^{-12}	0.000 000 000 001	피코(pico)	p	1조분의 1 1한(漢)
10^{-15}	0.000 000 000 000 001	펨토(femto)	f	1000조분의 1 1수유(須庾)
10^{-18}	0.000 000 000 000 000 001	아토(atto)	a	100경분의 1 1찰라(刹那)
10^{-21}	0.000 000 000 000 000 000 001	젭토(zepto)	z	10해분의 1 1청정(淸淨)
10^{-24}	0.000 000 000 000 000 000 000 001	욕토(yocto)	y	1자분의 1 1열반적정(涅槃寂靜)

[원소의 주기율표]

1 H 수소																	2 He 헬륨
3 Li 리튬	4 Be 베릴륨											5 B 붕소	6 C 탄소	7 N 질소	8 O 산소	9 F 플루오르	10 Ne 네온
11 Na 나트륨	12 Mg 마그내슘											13 Al 알루미늄	14 Si 규소	15 P 인	16 S 황	17 Cl 염소	18 Ar 아르곤
19 k 칼륨	20 Ca 칼슘	21 Sc 스칸듐	22 Ti 티타늄	23 V 바나듐	24 Cr 크롬	25 Mn 망간	26 Fe 철	27 Co 코발트	28 Ni 니켈	29 Cu 구리	30 Zn 아연	31 Ga 갈륨	32 Ge 게르마늄	33 As 비소	34 Se 셀레늄	35 Br 브롬	36 Kr 크립톤
37 Rb 루비듐	38 Sr 스트론튬	39 Y 이트륨	40 Zr 지르코늄	41 Nb 니오브	42 Mo 몰리브덴	43 Tc 테크네튬	44 Ru 루테늄	45 Rh 로듐	46 Pd 팔라듐	47 Ag 은	48 Cd 카드늄	49 In 인듐	50 Sn 주석	51 Sb 안티모니	52 Te 텔루르	53 I 요오드	54 Xe 크세논
55 Cs 세슘	56 Ba 바륨	57–71 ↓ 란타넘족	72 Hf 하프늄	73 Ta 탄탈	74 W 텅스텐	75 Re 레늄	76 Os 오스뮴	77 Ir 이리듐	78 Pt 백금	79 Au 금	80 Hg 수은	81 Tl 탈륨	82 Pb 납	83 Bi 비스무트	84 Po 폴로늄	85 At 아스타틴	86 Rn 라돈
87 Fr 프랑슘	88 Ra 라듐	89–103 ↓ 악티늄족	104 Rf 러더포듐	105 Db 더브늄	106 Sg 시보귬	107 Bh 보륨	108 Hs 하슘	109 Mt 마이트너륨	110 Ds 다름슈타튬	111 Rg 뢴트게늄							

란타넘족	57 La 란탄	58 Ce 세륨	59 Pr 프라세오디뮴	60 Nd 네오디뮴	61 Pm 프로메튬	62 Sm 사마륨	63 Eu 유로퓸	64 Gd 가돌리늄	65 Tb 터븀	66 Dy 디스프로슘	67 Ho 홀뮴	68 Er 어븀	69 Tm 툴륨	70 Yb 이터븀	71 Lu 루테듐
악티늄족	89 Ac 악티늄	90 Th 토륨	91 Pa 프로트악티늄	92 U 우라늄	93 Np 넵투늄	94 Pu 플루토늄	95 Am 아메리슘	96 Cm 퀴륨	97 Bk 버클륨	98 Cf 칼리포늄	99 Es 아인슈타이늄	100 Fn 페르뮴	101 Md 멘델레븀	102 No 노벨륨	103 Lr 로렌슘

2장

알아두어야 할 방사선 지식

2-1 방사선이란 어떤 것인가?

A

이 질문은 방사선(放射線)에 관련된 일에 종사하는 사람들에게도 매우 대답하기 어려운 질문이다. 왜냐하면 방사선에는 비교적 잘 알려진 엑스선이나 알파선, 베타선, 감마선 외에도 여러 가지가 있어서 그 종류를 열거할 수 없을 정도로 많기 때문이다. 모든 종류의 방사선을 한마디로 알기 쉽게 설명하기란 누구에게도 간단한 것이 아니다. 다소 핑계처럼 들리겠지만, 이 책에서는 목적한 바를 중시해 독자 여러분들이 가능한 한 구체적으로 이미지를 그릴 수 있도록 설명하려고 한다.

앞 장에서 설명했듯이 물질이 어떻게 이루어져 있는지 자세하게 관찰하다보면 여러 가지 입자가 발견된다. 그러한 입자(전자나 양성자, 중성자, 광자 같은 소립자와 여러 가지 원자핵이나 이온 등)가 빛과 같은 속도로 에너지를 운반해 가는 모습을 상상해보길 바란다. 방사선이란 여러 종류의 입자가 에너지를 운반하고 있는 상태이다.

우주는 여러 입자로 되어 있는 물질과 입자가 운반하는 에너지의 흐름인 방사선으로 구성되어 있다. 물질이 변화하려면 에너지가 필요하다. 조금 문학적으로 표현해본다면 우주에 활력을 주고 있는 것이 방사선이라고 말할 수 있겠다. 만약 우주에 방사선이라는 것이 없다면, 우주는 별빛 하나 없는 차갑고 죽은 세계가 될 것이다. 우리는 보통 눈에 보이는 빛 이외에는 방사선이라는 존재를 의식하지 않고 살고 있지만, 방사선은 빼놓을 수 없는 자연의 일부인 것이다.

방사선에는 물질을 전리(電離)하는 능력을 가진 것과 그렇지 않은 것이 있는데, 앞서 말했던 엑스선이나 알파선, 베타선, 감마선 등은 모두 전리하는 능력이 있고, 눈에 보이는 빛이나 적외선, 전파 등은 전리하는 능력이 없다. 그리고 단순히 '방사선'이라 하면, 보통

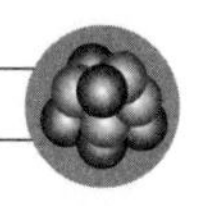

전리 능력을 가진 방사선을 의미한다. 이 책에서 다루는 방사선도 그 전리성을 가진 방사선이다.

방사선은 여러 가지 입자가 에너지를 운반하고 있는 상태이지만, 입자의 종류에 따라 특별한 이름을 붙인 것도 있다. 예를 들면 입자가 양성자 2개와 중성자 2개로 되어 있는 헬륨 원자핵과 똑같은 것일 경우에는 알파선(α線)이라 하며, 전자인 경우는 베타선(β線) 또는 전자선이라 한다. 또한 전자파의 입자인 광자(光子)의 경우에는 감마선(γ線) 또는 엑스선(X線)이라 하며, 양성자의 경우는 양성자선, 중성자인 경우에는 중성자선이라 부르고 있다. 같은 입자의 방사선에 2종류의 이름을 붙인 것은, 그 방사선이 어떠한 현상 속에서 발견되었는지, 그 역사를 반영하고 있기 때문이다.

입자의 종류가 달라지면 당연히 방사선의 성질도 달라진다. 또한 같은 입자의 방사선이라도, 입자가 운반하고 있는 에너지의 크기에 따라서 성질이 달라진다. 그러므로 한 마디로 방사선이라 해도 그것이 어떤 입자의 방사선이며, 어느 정도의 에너지를 가졌는지 모르면 그 성질을 논할 수가 없다.

2-2 누가 방사선을 발견했는가?

A

방사선은 원초부터 우주의 일부로서 존재하고 있었으나 인류가 그 존재를 알게 된 것은 19세기 말부터였다. 1895년 11월 8일 해질녘 독일의 뷔르츠부르크 대학 연구실에서 진공 방전 실험을 하고 있던 빌헬름 콘라트 뢴트겐(Wilhelm Conrad Röntgen)은 방전관으로부터 검고 두꺼운 종이를 투과해, 형광물질을 입힌 종이를 희미하게 발광시키는 무언가가 방출되고 있다는 것을 알게 됐다. 뢴트겐은 실험에 의해 그 무언가가 사람의 눈에는 보이지 않는 빛과 같은 것임을 확인하고, 'X광선(엑스선)'이라는 이름을 붙였다. 뢴트겐의 발견은 많은 과학자들에게 자극이 되었고, 다음 해 3월에 방사능(放射能)의 발견으로 이어졌다([Q3-3] 참조).

뉴질랜드에서 태어난 물리학자 어니스트 러더퍼드(Ernest Rutherford)는 우라늄이 방출하는 방사선에 자장에 의해 굴절되는 성분과 그렇지 않은 성분이 있다는 것을 발견하고, 각각 '베타선'과 '알파선'이라는 이름을 붙였다. 그 후, 프랑스의 화학자 폴 빌라르(Paul Ulrich Villard)가 우라늄의 방사선에는 뢴트겐이 발견한 '엑스선'처럼 강한 투과성을 가진 성분도 있다는 것을 발견하였고, 이를 러더퍼드가 '감마선'이라고 이름 붙였다. 이러한 발견은 뢴트겐이 엑스선을 발견한 후 채 5년도 안된 기간 동안 이루어졌다.

중성자선은 이들 방사선보다도 30년 정도 후에 발견되었다. 1930년에 폴로늄에서 방출되는 알파선을 베릴륨 박에 쬐었을 때 매우 투과성이 강한 방사선이 나오는 것이 관측되었다. 그 2년 후에 영국의 물리학자 제임스 채드윅(Sir James Chadwick)은 이 방사선에 산란되는 질소원자 에너지를 정밀하게 측정한 결과 투과성이 강한 방사선이 감마선이 아니라, 그때까지 알려지지 않았던 중성자라는 전하를 갖지 않는 입자의 방사선임을 알아냈다.

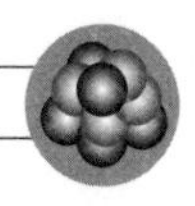

우주선의 존재를 발견한 것은 오스트리아의 물리학자 빅토르 헤스(Victor Francis Hess)이다. 헤스는 풍선 기구를 사용하여 자연환경의 방사선 강도가 고도와 함께 변하는 것을 관측하고, 방사선이 지구 밖에서도 온다는 것을 발견했다.

뢴트겐

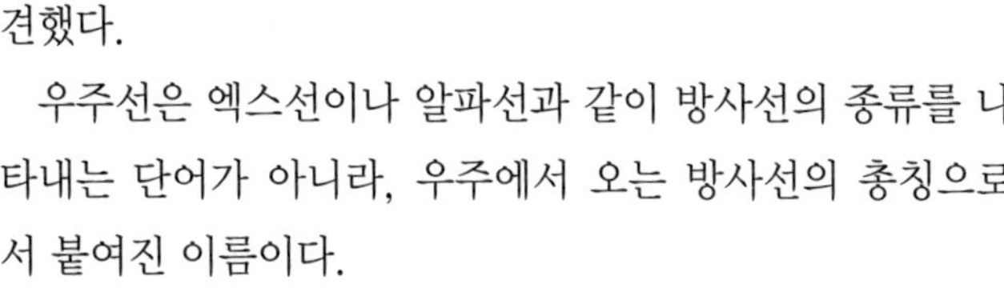

우주선은 엑스선이나 알파선과 같이 방사선의 종류를 나타내는 단어가 아니라, 우주에서 오는 방사선의 총칭으로서 붙여진 이름이다.

우주에서 오는 방사선 중에는-전리성(電離性)을 갖지 않은 방사선이지만-우주의 배경복사(輻射)라 하는 전파(마이크로파)도 있다. 이것은 우주의 현재 온도(약 마이너스 270℃)에 대응하는 전파로, 우주의 모든 방향에서 온다. 빅뱅을 일으킨 우주가 그 온도에 대응하는 전파로 채워진다는 것은 1940년경에 이론적인 예측이 세워졌다. 그 후 1964년에 미국 벨 연구소의 물리학자 아노 앨런 펜지어스(Ano Allan Penzias)와 로버트 우드로 윌슨(Bobert Woodrow Wilson)에 의해 발견되어 빅뱅 이론의 결정적인 증거가 되었다.

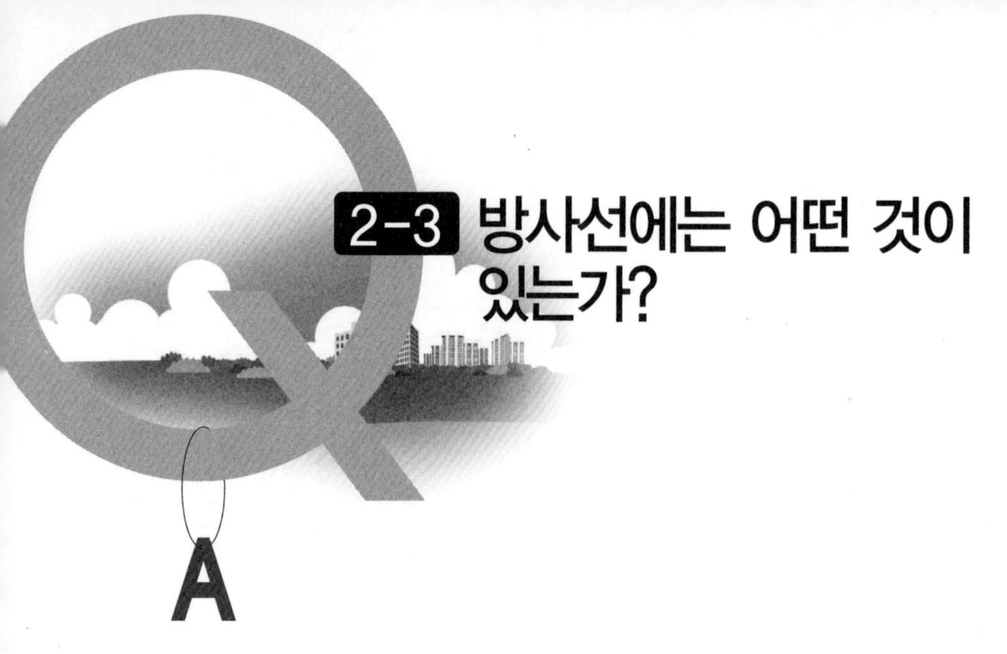

2-3 방사선에는 어떤 것이 있는가?

A

방사선은 입자가 에너지를 운반하고 있는 상태이므로, 입자의 종류에 따라 분류할 수 있다. 입자는 크게 나누어 전하를 가진 입자와 전기적으로 중성인 입자가 있다. 전하를 띤 입자로 되어 있는 방사선을 총칭해서 '하전입자 방사선'이라 부른다. 하전입자 방사선에는 입자(소립자나 이온)의 종류만큼이나 많은 종류가 있다.

하전입자가 전자일 때, 방사성 물질에서 방출된 것을 베타선(β線)이라 하고, 그 이외의 것(예를 들면 전자를 가속해서 인공적으로 만들어진 것)을 전자선(電子線)이라 한다. 입자가 양성자일 경우의 방사선은 양성자선이다. 양성자선은 인공적으로도 만들 수 있지만, 우주에서 지구의 대기로 쏟아지는 우주선의 대부분은 양성자선이다.

알파선이 헬륨의 원자핵으로 구성된 것은 [Q2-1]에서도 언급했다. 우주선 중에는, 알파 입자 외에 더 무거운 원자핵도 포함되며, 가속기에서 하전입자를 가속시켜 만드는 방사선에는 더 많은 종류가 있다.

전기적으로 중성 입자로 되어 있는 방사선은 '비하전입자 방사선'이라 하는데, 주된 비하전입자 방사선은 광자(光子)로 구성된 엑스선과 감마선, 중성자로 구성된 중성자선이다.

같은 광자로 구성된 비하전입자선에 2종류의 이름이 있는 것은, [Q2-2]에서 설명한 것처럼 발견의 역사와 관계가 있다. 그 때문에 원자핵에서 방출되거나 소립자가 반응할 때에 방출되는 것을 감마선이라 하고, 주로 전자의 운동이나 결합 상태가 바뀔 때 방출되는 것을 엑스선이라 한다. 인공적으로는 어떤 감마선보다도 에너지가 높은 엑스선도 만들 수 있기 때문에 이 감마선과 엑스선을 에너지나 파장, 또는 투과성으로 구별하는 것은 옳지 않다.

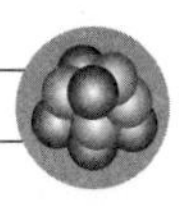

중성자선은 원자로 같은 특별한 장소에만 있을 것 같지만, 사실 우주선 샤워([Q4-1] 참조) 안에는 제법 많은 양의 중성자선이 포함되어 있다. 제트 여객기가 나는 고도에서는 사람이 받는 방사선의 양(실효선량, [Q2-15] 참조) 중 가장 많은 양을 차지한다.

전하를 갖지 않는 입자의 방사선 중 중성미자(中性微子)로 구성된 것은 너무나 작용이 미약하기 때문에 자칫 그것이 방사선인 것조차 잊을 수가 있다. 어느 정도로 작용이 약하냐 하면, 1987년 2월 23일 오후 4시 35분 35초부터 50초에 걸쳐서 약 15만 년 전에 마젤란 성운에서 일어난 초신성 폭발로 방출된 중성미자가 $1cm^2$ 당 백억 개 정도의 밀도로 지구에 도달했지만, 기후현(岐阜縣) 가미오카(神岡) 광산 지하에 있는 약 2천 톤의 검출기 안에서 반응을 일으킨 것은 불과 11개에 지나지 않았다.

[방사능 리스트]

하전입자 방사선	비하전입자 방사선
전자(베타선, 전자선)	광자(엑스선, 감마선)
양전자(베타플러스선, 양전자선)	중성자(중성자선)
양성자(양성자선)	중성의 파이중간자
뮤 입자	중성미자
하전의 파이중간자	기타 중성의 소립자
그 외의 소립자	
헬륨의 원자핵(알파선)	
그 외의 원자핵(중립자선)	
여러 가지 이온	

2-4 병원에서 X레이 검사에 사용하는 엑스선은 방사선인가?

A

[Q2-2]에서 설명한 것처럼 엑스선은 인류가 처음으로 그 존재를 발견한 방사선이다. X레이 검사는 물질의 종류에 따라 엑스선의 투과력이 다른 점을 이용해서 몸 안의 구조를 촬영하는 검사이다.

뢴트겐이 엑스선을 발견한 직후부터 몸 안을 살펴볼 수 있는 획기적인 검사법으로 이용되어 왔다. 만약 X레이 검사가 없었다면 메스로 몸을 절개하지 않는 이상 몸 안에서 무슨 일이 일어나고 있는지 알 수 없기 때문에 X레이 검사가 의학에 끼친 영향은 혁명적이었다고 할 수 있다.

뢴트겐이 위대하다고 할 수 있는 점은 엑스선의 특허에 관해 많은 권유를 받았음에도 불구하고 인류에 공헌하기 위해서 결국 특허를 내지 않았다는 점이다(여담이지만, WWW를 완성시킨 CERN의 연구자들에게도 같은 말을 할 수 있다고 생각한다).

X레이 검사에 관해서 더욱 혁명적인 진보를 가져온 것은 컴퓨터 단층촬영장치(X선

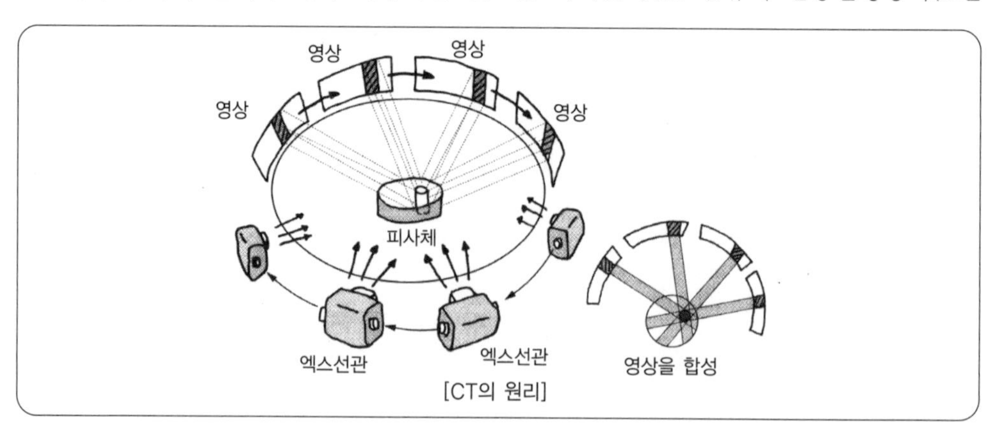

[CT의 원리]

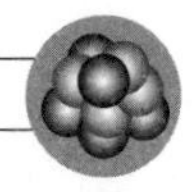

CT)이다. CT의 원리는 몸을 회전하면서 각 방향에서 엑스선에 의한 영상을 촬영하고, 그 영상의 농도를 엑스선이 온 방향으로 잡아 늘여 서로 겹치면 그 교차된 곳에 농도의 상이 그려지는 것이다. 1953년에 히로사키(弘前) 대학의 다카하시 신지(高橋信次)는 필름과 엑스선관을 몸의 주위에 회전시켜서 촬영하는 '회전횡단단층장치'를 고안했다. 하지만, 아쉽게도 그 방법이 보급되기 전에 1960년대가 되자, 영국의 하운스필드(Godfrey Hounsfield)와 미국의 앨런코맥(Allan Cormack)이 각각 독립적으로 엑스선 검출기로부터 신호를 컴퓨터에 처리시켜서 단층상을 재구성하는, 현대의 컴퓨터 단층촬영장치(CT)의 원형을 완성시켰다.

X레이 사진을 판독해서 그림자 그림으로 나타낸 선과 면이 무엇을 의미하는가를 이해하려면 인체 여러 기관이 어떻게 위치하며, 어떻게 겹쳐서 보이는가를 알아야 한다.

그러나 CT의 단층상에는 각 기관의 윤곽이 제 위치 그대로 찍혀 나타나기 때문에 무엇이 찍혀 있는지 이해하기가 훨씬 쉬워진다. 현대의 엑스선 CT 장치에는 한번에 많은 단층영상을 촬영하여 그것을 3차원 화상으로서 표현하거나 동영상으로 표현하기도 한다. 그 덕택에 외과의사는 메스를 대기 전에 자신이 수술할 부위의 상태를 입체적으로 파악해서 수술을 시뮬레이션할 수 있게 되었고, 보다 안전한 수술을 할 수 있게 된 것이다.

2-5 레이저 광선은 방사선인가?

A

레이저 광선은 여기 상태에 있는 물질로부터 같은 파장을 가진 광자를 파동이 겹치도록 타이밍을 맞춰 방출시켜서 만드는, 강하고 간섭성이 있는 빛이다. 적색이나 녹색 레이저 광선과 공업용으로 사용되는 적외선 레이저는 전리작용이 없기 때문에 전리성 방사선을 의미하는 '방사선'에는 속하지 않는다. SF 영화에는 레이저 총(?)이 등장해 파괴적인 위력을 발휘한다. 하지만, 눈에 보이는 빛에는–너무 밝아서 눈을 상하게 할 것 같은 경우를 제외하고–유해한 영향은 없으며, 아무리 강한 빛이라도 전리작용 또한 없다.

그러면 같은 광자(光子)인 엑스선이나 감마선과 눈에 보이는 빛은 어떻게 다른 것일까? 결론부터 말하면 한 개의 광자가 운반하고 있는 에너지의 크기가 다른 것이다.

원자가 전리하려면 원자핵에 붙잡혀 있는 궤도전자가 원자핵의 인력보다 큰 에너지를 가져야 한다. 만약 광자가 전리작용에 필요한 에너지를 날라와서 궤도전자에게 전달하면 그 전자는 쉽게 원자에서 빠져나오고, 뒤에 남은 원자는 플러스 전하를 띤 이온이 된다.

레이저 광자가 운반하는 에너지는 적외선 레이저의 0.1 전자 볼트 정도에서 자외선 레이저의 수 전자 볼트 정도의 범위이다. 자외선 레이저라면 나트륨이나 칼륨 같은 가장 바깥쪽 궤도전자를 간신히 전리할 수 있겠지만, 날아가버린 궤도전자에는 다른 원자를 전리하거나 여기할 수 있는 힘이 없다([Q2-7] 참조).

이에 비해 X레이 검사에 사용되는 엑스선 광자는 수십 킬로 전자 볼트(수만 전자 볼트)의 에너지를 운반하는데, 그 작용으로 전리된 전자는 물질 안을 돌아다니는 사이에 수백 개의 전리를 일으킬 수 있다. 즉, 엑스선이나 감마선 광자와 레이저광 광자의 결정적인 차이는 다른 원자를 전리시킬 수 있는 에너지를 갖게 해 궤도전자를 자유롭게 할 수 있느냐

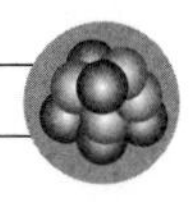

못하느냐 하는 점에 있다. 이것은 레이저 발진이 원자나 분자의 여기 에너지를 이용하고 있어, 원자의 전리에 필요한 에너지보다 작기 때문이다.

물질의 여기 상태를 이용하지 않고 레이저가 발진 가능하다면 더 높은 에너지를 가진 광자 레이저광을 만들어낼 수 있다. 이와 같은 레이저에 '자유전자 레이저'가 있다. 전자를 가느다란 빔으로 바꿔서 매우 높은 에너지까지 가속하여 S극과 N극의 방향이 주기적으로 역전하는 강한 자장 속을 통과시키면, 구불구불하게 가는 전자가 방출하는 광자(방사광)가 전방을 달리고 있는 전자에 작용해서 레이저 발진이 일어난다. 이것이 자유전자 레이저인데, 높은 에너지의 전자 빔과 강한 자장을 조합한다면 전리성이 있는 광자도 만들어 낼 수 있다.

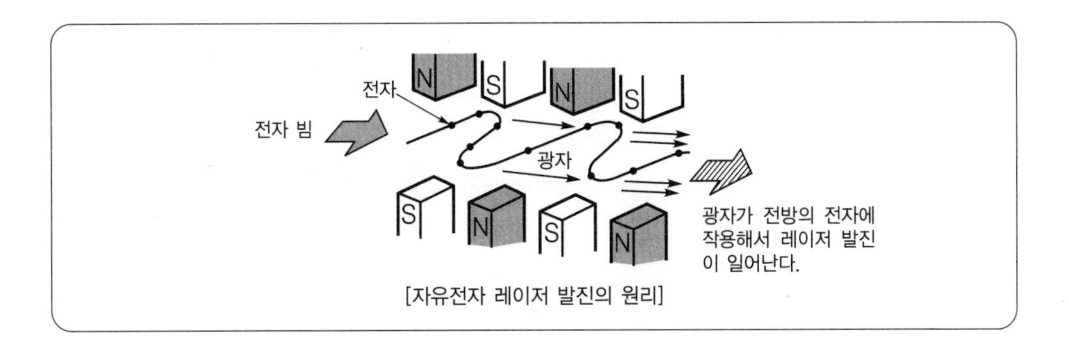

[자유전자 레이저 발진의 원리]

2-6 방사선을 만들 수 있는가?

A

물론 만들 수 있다. 인류가 최초로 발견한 방사선은 방전관에서 발생시킨 엑스선이었다. 즉 인류는 자연 방사선인 알파선과 베타선, 감마선을 발견하기 전에 인공적으로 엑스선이라는 방사선을 만들어냈다는 이야기가 된다.

엑스선 장치는 오늘날 인류가 가장 널리 사용하고 있는 방사선을 만들어 내는 장치이다. 아마 병원이나 치과의원 중에 엑스선 장치를 갖추지 않은 곳은 거의 없을 것이다. 엑스선 장치는 높은 전압(X레이 검사에 사용하는 것이라면 10만 볼트 정도)으로 가속시킨 전자를 양극에 충돌시켜서 발생시킨다. 엑스선 장치는 최근 100여년의 기간 동안 성능이나 기능면에서 비약적으로 진보했지만, 엑스선을 발생시키는 원리는 뢴트겐 시절 이후 변함이 없다. 그리고 뢴트겐이 엑스선을 발견했을 때, 방전관 안에서는 음극에서 양극을 향해 전자가 날아가고 있었으므로 이 전자선(당시는 '음극선'이라 했다)이 인류가 만들어낸 최초의 방사선이 될 것이다.

이 전하를 띤 입자를 전압으로 가속시키는 방법이 또 하나의 방사선을 만드는 방법이며, 그러한 장치를 '입자 가속기', 줄여서 '가속기'라 부른다. 가속기에는 여러 종류가 있지만, 크게 나누면 전극의 사이에 높은 전압을 가해서 전하를 띤 입자를 한 번 가속시키는 것과, 조금 낮은 전압으로 반복해서 가속시키는 것이 있다.

절연체가 견딜 수 있는 전압에는 한계가 있기 때문에 그 이상 에너지가 높은 방사선을 만들려면 반복해서 가속시키는 장치를 사용해야 한다. 가속할 때에 입자를 똑바로 날리는 것이 선형가속기(Linear accelerator)로 일본에서는 대략 800대의 선형가속기가 암을 치료하는 데 사용되고 있다.

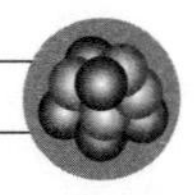

선형가속기는 강한 방사선 빔을 낼 수 있는 반면, 방사선의 에너지를 높이려면 장치가 점점 길어지는 결점이 있다. 미국에는 전체 길이가 3km 이상이나 되는 선형가속기가 있다.

자장은 전하를 띤 입자에 대해 자력선과 입자의 진행방향에 수직인 힘을, 입자의 속도에 비례하는 강도로 영향을 주는 성질이 있다. 이 성질을 이용하면 입자가 같은 전극 사이로 돌아와서 몇 번이고 가속되는 장치를 만들 수 있다. 사이클로트론(cyclotron)이나 싱크로트론(synchrotron)이라 부르는 장치가 그것으로, 현재에는 과학연구뿐만 아니라 의학(암 치료나 검사약 제조)이나 산업분야에서도 폭넓게 이용되고 있다.

그 이외의 방사선을 만드는 방법은 인공 방사성 물질을 만드는 것이다. 인공 방사성 물질에서 방출되는 방사선은 간접적이지만, 사람에 의해 만들어진 방사선이라 해도 좋다.

실제로 원자로나 가속기에서 만들어진 다양한 인공 방사성 물질인 방사선이 과학연구, 의료, 산업 등 각 분야에서 폭넓게 사용되고 있다.

2-7 방사선에는 어떤 작용이 있는가?

A

방사선(전리성 방사선)의 공통된 작용은 원자나 분자를 전리하거나 여기시키는 것이다. 엑스선이 사진 필름을 감광하거나 생물의 생리에 영향을 끼치는 것도 근원적으로는 모든 방사선이 원자나 분자를 전리하거나 여기시키는 원리에 의한 것이다.

전리의 결과 만들어진 이온이나 여기된 원자나 분자는 원래 중성인 원자나 분자보다 화학반응을 일으키기 쉬운데, 그것이 사진의 유제 안에서 일어나면 브롬화은(AgBr)을 환원해서 잠상이 되고 세포의 안에서 일어나면 DNA와 반응해서 기록된 정보를 손상시키는 경우도 있기 때문이다([Q6-3] 참조).

전리나 여기는, 방사선의 종류에 따라서 방사선 입자가 직접 일으키는 경우와 다른 입자를 통해 간접적으로 일으키는 경우가 있다.

방사선의 입자가 전하를 가진 경우는, 그 입자가 원자 근처를 통과하면 마이너스의 전하를 가진 궤도전자에 전기적인 힘(쿨롱력)을 가한다. 즉, 방사선 입자가 가진 전하가 마이너스라면 궤도전자를 밀어내고, 플러스라면 끌어당기려 한다. 그 힘이 궤도전자를 원자핵으로부터 분리시킬 정도로 강하면 원자는 마이너스 전하를 가진 전자와 플러스 전하를 가진 이온으로 전리된다.

그러나 방사선 입자가 조금 거리를 두고 통과하면 궤도전자에 미치는 힘이 약해져 궤도전자를 분리시킬 수 없다. 그러나 그렇더라도 궤도전자가 어느 정도의 에너지를 받아서 좀 에너지가 높은 상태(여기 상태)로 이동하는 경우도 있다. 방사선 입자가 원자 근처를 지날 가능성은 조금 떨어진 곳을 지날 가능성보다 적으므로 방사선 입자가 하나의 전리를 일으키는 동안 몇 개나 되는 여기가 일어난다.

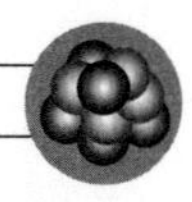

방사선 입자가 전하를 갖지 않는 경우는 궤도전자에 쿨롱력이 작용하지 않으므로 전리나 여기는 간접적인 형태로 발생된다.

엑스선이나 감마선의 광자는 원자에게 모든 에너지를 흡수 당하기도 하고(광전효과) 궤도전자와 연쇄 충돌(콤프턴 산란; compton effect)하기도 하며, 궤도전자에 에너지를 주고받을 수 있다. 이 두 경우 모두 궤도전자가 강하게 방출되어, 그 마이너스 전하를 가진 전자가 다른 원자 옆을 통과할 때 쿨롱력으로 궤도전자를 밀어내 잇따라 많은 전리와 여기를 일으킨다. 중성자선은 원자핵을 연쇄 충돌로 궤도전자의 구름 밖으로 내보내거나 원자핵 반응을 일으켜서 양성자나 알파 입자를 방출시키거나 하면 튕겨나간 원자핵이나 양성자나 알파 입자가 쿨롱력으로 그 지나는 길을 따라 다수의 전리나 여기를 일으킨다.

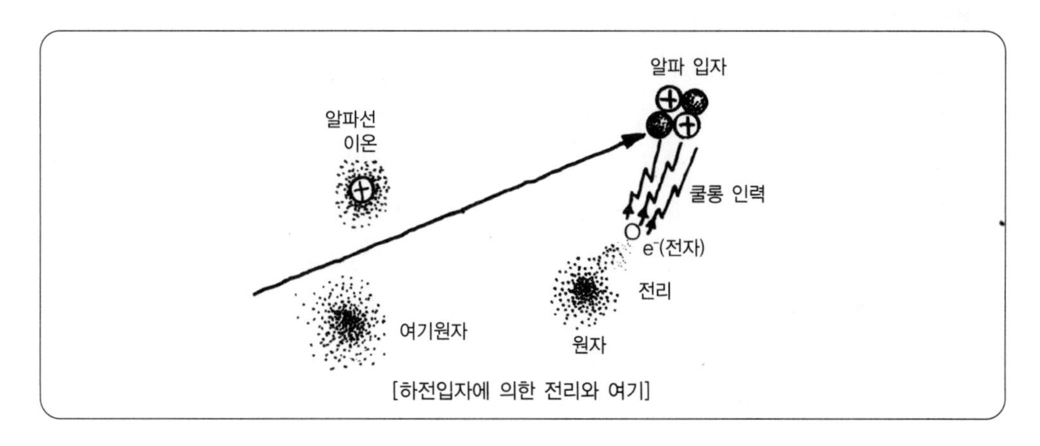

[하전입자에 의한 전리와 여기]

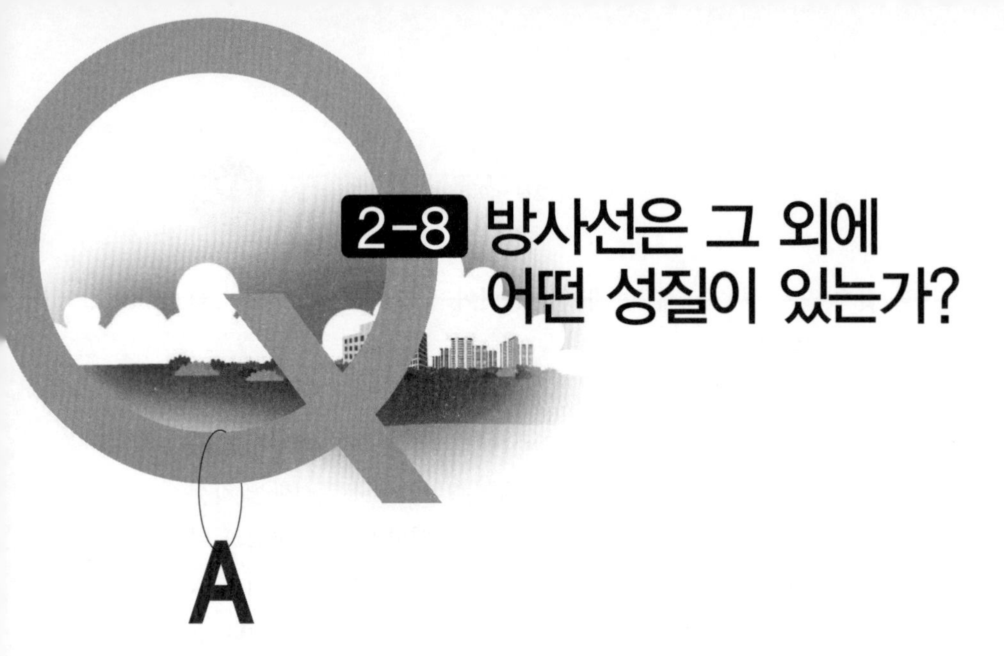

2-8 방사선은 그 외에 어떤 성질이 있는가?

A

방사선은 불투명한 물체도 투과하는 것이 특징이라고 생각하기 쉽지만, 물체의 투과성은 방사선의 종류와 에너지에 따라 다르다. 알파선은 물질을 통과할 때, 그 통로를 따라서 밀도 높은 전리나 여기를 일으키기 때문에 비교적 짧은 거리를 통과시켜도 많은 에너지를 잃어버린다. 그러므로 에너지가 매우 높지 않은 한 강한 투과성을 갖지 못한다.
전하를 가진 입자의 방사선이라도 베타선과 전자선은 궤도전자와 질량이 같아서 자기 자신도 궤도전자로부터 큰 반작용을 받기 때문에 전리나 여기를 드문드문 일으킨다. 그 때문에 베타선과 전자선은 알파선이나 양성자선에 비해 에너지를 잃는 데 필요한 거리가 길고 보다 큰 투과성을 갖게 된다. 그렇기는 해도, 보통의 베타선으로 두께 1센티미터의 플라스틱을 통과할 수 있는 것은 좀처럼 드물다.

이에 비해서 엑스선이나 감마선 광자가 원자에 흡수되거나 궤도전자와 연쇄 충돌을 하는 것은, 그 결과 튀어나온 전자가 지나는 길에 있는 원자를 전리하거나 여기하거나 하는 것보다 훨씬 드물게 일어난다. 그 때문에 엑스선이나 감마선은 같은 에너지를 가진 알파선이나 베타선에 비해서 현격히 강한 투과성을 가진다.

원자에 의한 엑스선이나 감마선의 흡수는 물질의 원자번호가 크면 클수록 일어나기 쉽다. 엑스선이나 감마선을 막기 위해서 납이 사용되는 것은 그 때문이다. 단, 엑스선이나 감마선의 에너지가 커지면 원자에 흡수되기보다 궤도전자와 연쇄 충돌하기 쉬워져, 물질의 종류에 따른 투과성의 차이가 나타나기가 어려워진다. 왜냐하면 궤도전자의 수는 물질의 원자번호와 같으므로 어떤 물질을 사용해도 같은 무게의 벽이라면 거의 같은 수의 궤도전자를 포함하여, 엑스선이나 감마선이 그것을 통과하는 동안에 같은 정도의 연쇄 충돌

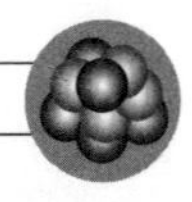

을 일으키기 때문이다.

그런데 어떤 엑스선이나 감마선의 광자가 벽을 통과하려 할 때, 벽 안의 원자에 흡수되거나 궤도전자와 연쇄 충돌을 하거나 해서 통과에 성공할지 실패할지는 전적으로 우연에 달려 있다. 같은 에너지를 가진 광자에는 이 우연이 똑같이 일어난다. 그러므로 그러한 광자가 많이 벽을 통과하려고 하면, 광자의 에너지와 벽을 구성하는 물질의 종류와 벽의 두께에 의한 비율로 광자가 제거된다. 즉 엑스선이나 감마선의 강도를 10분의 1로 약화시키는 벽을 두 장 겹치면, 엑스선이나 감마선의 강도가 100분의 1로 약해진다.

또한 전리성을 가진 방사선도 눈에 보이는 빛과 같이 물체에 닿으면 반사되어 돌아오는 경우가 있다. 전하를 띠지 않는 엑스선과 감마선, 중성자선은 물체에서 반사되어 돌아온 산란선이 흩어지는 성질이 있으므로 방사선의 근원(엑스선관이나 방사성 물질 등)에서 직접 오는 것 이외의 방사선을 생각해 둘 필요가 있다. 특히 강한 방사선을 내는 근원이 있는 경우, 직접 오는 방사선을 벽으로 잘 차단했다 해도 천정을 빠져나가 공중에서 반사된 방사선이 벽 밖에 도달하는 경우(스카이 샤인; sky shine)가 있으므로 주의할 필요가 있다.

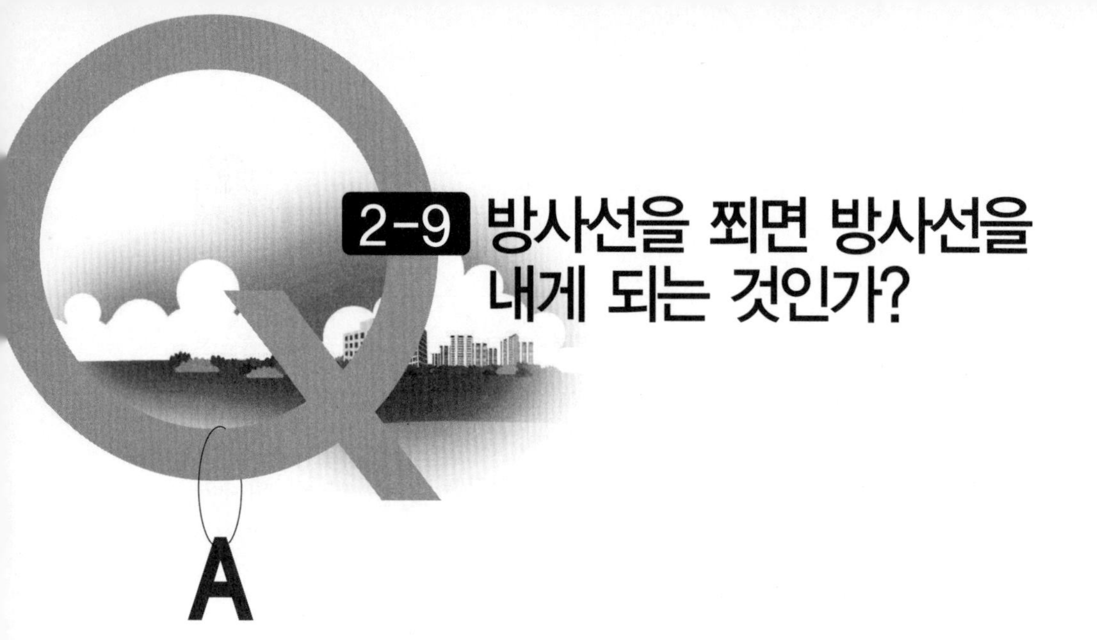

2-9 방사선을 쬐면 방사선을 내게 되는 것인가?

A

X레이 검사에 사용하는 엑스선이나 방사성 물질이 방출하는 알파선과 베타선, 감마선에서는 일어나지 않지만, 방사선의 종류와 에너지에 따라서 그러한 현상이 일어나는 경우도 있다. 물질이 "방사선을 내게 된다."는 것은 방사능이 없던 물질이 방사능을 갖게 된다는 것을 의미한다. [Q3-1]에서 자세히 설명하겠지만, 물질이 방사능을 갖기 위해서는 안정적이었던 원자핵이 불안정한 원자핵으로 바뀌어야 한다. 즉, 무언가 원자핵 반응이 없다면 그러한 변화는 있을 수 없다는 것이다. 그러면 어떤 경우에 원자핵 반응이 일어나는 것일까?

전하를 갖지 않은 중성자는 플러스 전하로부터 반발력을 받지 않고 원자핵에 접근하여 원자핵에 흡수되거나 원자핵의 안으로부터 입자를 내쫓거나 하는 등 원자핵 반응을 할 수가 있다. 그러한 원자핵 반응 결과, 방사성이 있는 원자핵이 생기는 경우도 있다. 실은, 연구나 의료나 산업에서 이용되고 있는 여러 가지 방사성 물질의 대부분은 원자로에서 원료에 중성자선을 조사해서 만들고 있다.

방사선 중 매우 높은 에너지를 가진 엑스선의 경우, 광자를 흡수한 원자핵이 반응을 일으켜 방사성이 있는 원자핵을 만들어내는 경우가 있다. [Q1-1]에서 설명한 것 처럼, 원자핵 안에서는 양성자와 중성자가 '핵력'이라는 강한 힘으로 결합되어 있다. 핵력이 양성자와 중성자를 결합시키고 있는 에너지는 양성자 또는 중성자 1개당 대략 8메가 전자 볼트(80만 전자 볼트)이다. 그러므로 그 이상 큰 에너지를 가진 광자를 원자핵에 흡수시키면 원자핵 반응을 일으킬 가능성이 생긴다.

물론 그와 같이 큰 에너지를 가진 엑스선은 우리 생활 환경에는 없다. 그러나 암을 치료

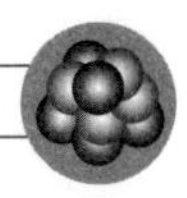

하는 데 사용되는 선형가속기 중에 10메가 전자 볼트(100만 전자 볼트) 이상의 에너지를 가진 엑스선을 발생시킬 수 있는 것이 있다. 그 장치의 부품 일부에 엑스선이 만들어낸 극히 작은 방사선 물질이 관측되기도 한다.

고에너지인 입자 가속기의 빔도 충분한 에너지를 원자핵에 들여올 수 있으면, 원자핵반응을 일으켜 방사성을 가진 원자핵을 만들어낼 수 있다. 검사에 사용되는 방사성 의약품 중에는 입자 가속기를 이용해서 제조되는 것도 있다. 그 중에서도 PET검사(양전자단층촬영검사=주로, 암이나 알츠하이머병 검사에 이용되고 있다)를 위한 방사성 의약품을 제조하는 소형 사이크로트론(cyclotron, 동위원소 생산장치)는 일본 각지에서 100대 이상이 가동되고 있다.

이와 같이 방사선을 쬐면 방사선을 내게 되는 방사선은 존재하지만, 그것들은 모두 우리 생활 가까이에 있는 방사선이 아니다. 원자로나 고에너지의 가속기에서 발생하는 것으로 한정된다. X레이 검사의 엑스선이나 방사성 세슘이 나오는 감마선 등으로는 그러한 일이 절대로 일어나지 않는다.

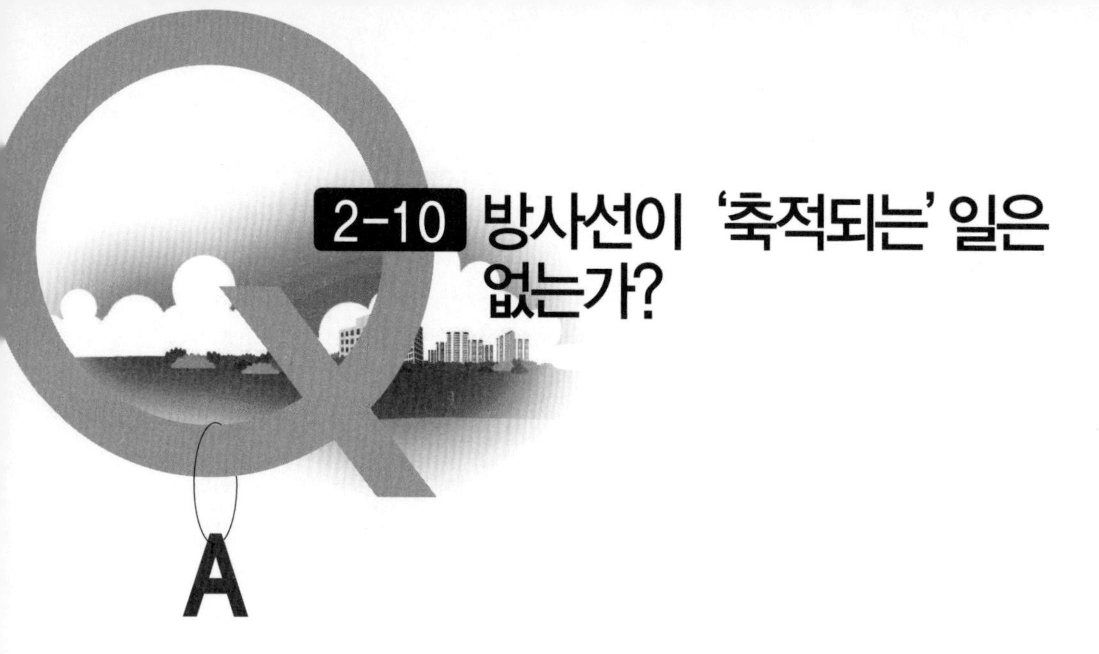

2-10 방사선이 '축적되는' 일은 없는가?

A

이 질문은 아무래도 [Q2-9]와 같은 맥락으로 볼 수도 있다. "엑스선을 사용하는 방 벽에 엑스선이 스며들어 있다가 나중에 서서히 나오는 것은 아닌가?" 하고 방사선사에게 묻는 환자들의 이야기를 들은 적이 있다. 이 질문의 배후에는 방사선과 방사성 물질과의 혼동이 있을지도 모른다.

예전에 어느 방사선과 의사로부터 다음과 같은 이야기를 들었다. X레이실에 환자를 안내해 온 간호사(당시에는 전원 여성이었다.)가 얼굴이 벌겋게 달아올라 있었고 몸은 땀에 흠뻑 젖어 있었다. 그래서 어디 아픈 것 아니냐고 물었더니, X레이실에서는 항상 숨을 쉬지 않기 때문이라고 그 간호사는 대답했다. 왜 숨을 쉬지 않느냐고 놀라 묻는 의사의 질문에 간호사는 다음과 같이 말했다. "X레이 검사실에는 엑스선이 축적되어 있으니까 들이마시지 않도록 검사실 안에 있는 동안에는 쭉 숨을 쉬지 않고 있어요." 그래서 "방사선사님이 '호흡을 멈춰'하는 신호를 보내잖아요?"

이 경이적인 폐활량의 소유자에게, 숨을 멈추게 한 것은 X레이 사진이 흔들리지 않도록 하기 위함이지, 결코 엑스선이 X레이 검사실에 쌓여 있기 때문이 아님을 납득시키기 위해 이번에는 의사 쪽이 분명 비지땀을 흘렸을 것이다.

결론부터 말하면, 환자나 간호사가 걱정한 것처럼 방사선이 쌓이는 일은 없다. 그러나 방사선 중에는 특수한 기술을 이용하면 '저장'할 수 있는 것도 있다. 전하를 띤 입자의 방사선이 자력선(磁力線)을 가로자르려 하면 자력선과 입자의 진행방향에 수직인 힘을 받는다. 그래서 만약 충분히 넓은 공간이 있어서 운동에 방해를 주는 원자나 분자와 만나지 않는다면, 자력선의 주위를 빙돌아 원래의 장소로 돌아온다.

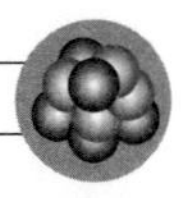

이 성질을 이용하면 전하를 띤 입자의 방사선을 진공 용기 안에 가두어둘 수 있다. 일본 효고현(兵庫縣)에 있는 '스프링 8' 등의 방사광 링(storage ring)은, 전자선을 몇 시간이나 저장해두는 성능을 갖고 있다.

사실 자연계에도 자력선으로 하전입자 방사선을 가둬두는 곳이 있다. 지구의 주위에는 주로 태양에서 날아온 에너지가 높은 양성자나 전자가, 지구 자기의 자력선에 감겨 있는 것처럼 잡혀 있는 도넛 모양의 장소(방사선대(Radiation belt) 또는 반 알렌 대(van Allen belt))가 있으며, 목성처럼 자장을 가진 혹성 주위에서도 관측되고 있다.

그러나, 현재의 기술로 전하를 갖지 않은 입자의 방사선인 엑스선이나 감마선이나 중성자선을 축적하는 것은 불가능하다. 어떻든 방사선이 에너지를 운반하고 있는 입자의 상태라는 것을 생각해본다면 천체 규모의 장치가 아닌 한, 빛과 거의 같은 속도로 날고 있는 입자를 잘 가두기란 기술적으로는 매우 어려운 과제임을 이해할 수 있으리라 생각한다.

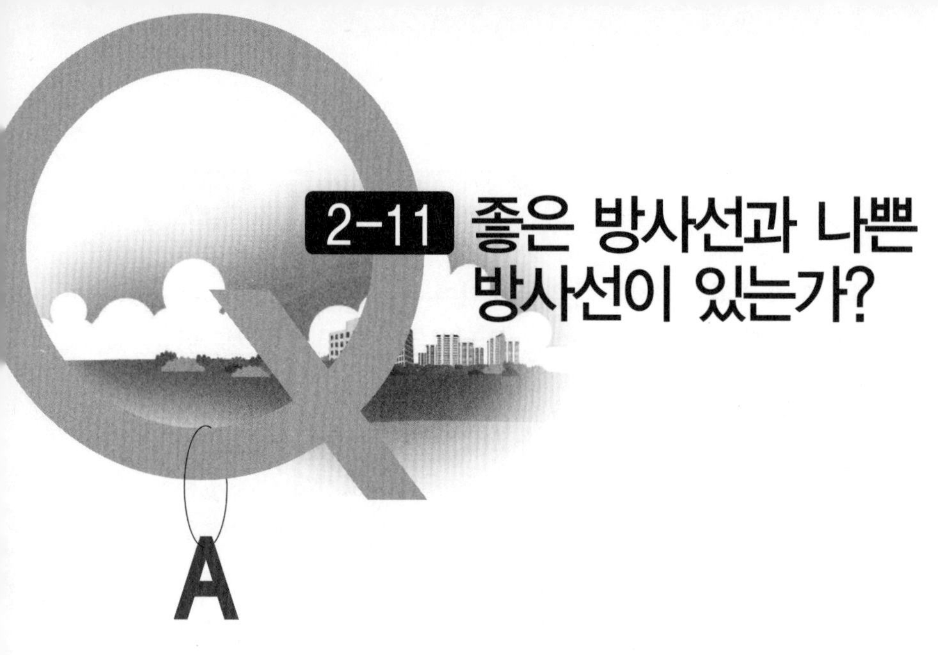

2-11 좋은 방사선과 나쁜 방사선이 있는가?

A

"병원에서 사용하는 엑스선은 좋은 방사선이지만, 방사성 물질에서 나오는 방사선은 나쁜 방사선이다."라고 구분해서 생각하는 사람이 있는 것 같다. 이런 분류는 엑스선이나 감마선의 입장에서 말한다면 매우 실례가 되는 차별이라고 말할 수 있다. 원래 자연현상에는 좋다거나 나쁘다는 구별이 있을 수 없다. 만약 있다고 한다면 그것은 구별하는 쪽의 가치관의 문제일 것이다.

단, 특정 목적에 관해서 말한다면 그 목적에 적합한 방사선과 그렇지 않은 방사선의 구별은 분명히 있어서, 이 둘을 적절하게 가려 쓰기 위해 인류는 다양한 기술을 개발해 왔다. 예를 들면, X레이 검사에서 엑스선 사진을 촬영할 때 필요한 것은 똑바로 인체를 투과하는 엑스선이 만드는 영상이다. 필름-요즘은 사진 필름이 아닌 이미지 플레이트(Imaging plate;Ip)나 반도체 검출기 등으로 대체되었지만-에 도달하는 엑스선에는 사람의 몸 안에서 산란되어 다른 각도에서 들어오는 것도 포함된다. 이러한 산란선은 영상의 윤곽을 희미하게 해서 화질을 떨어뜨리므로, 선명한 엑스선 사진을 얻으려는 목적에는 적절하지 않은 방사선이다. 그래서 매우 섬세한 윤곽을 보고 싶을 때는 납으로 된 격자(Grid)를 이용해서 비스듬하게 오는 엑스선을 차단한다.

또한 방사선을 암 치료에 이용할 때는 암조직 이외의 부분에 조사되는 방사선은 목적에 적절하지 않은 방사선이다. 그래서 여러 방향에서 암에 집중 조사해서 암조직에 도달하는 방사선 양과 주위의 정상조직에 도달하는 방사선 양에 가능한 한 큰 차이가 생기도록 연구한다.

방사선의 좋고 나쁜 점을 좀 다른 각도에서 보기로 하겠다. 연구자 중에는 "소량의 방사

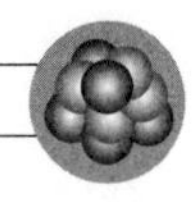

선은 사람의 건강에 도움이 된다."고 생각하는 사람들이 있다.

이것은 방사선 호르미시스(radiation hormesis)라 부르는 현상으로, 방사선에 의한 자극이 면역기능을 강하게 하는 등, 사람의 건강유지에 있어서 유익한 효과를 가져온다는 생각이다.

이 호르미시스 효과를 밝히기 위해 여러 화학물질에 관한 연구와, 많은 실험이 이루어지고 있다. 방사선 호르미시스에 관해서도 여러 가지 보고가 있지만, 반드시 재현성이 있는 결과라고는 할 수 없다는 지적도 있어 현재로서는 학설로 확립되었다고 말할 수 없을 것이다. 그럼에도 불구하고, 이 세상에는 '호르미시스 효과'를 주장하는 천연 방사성 물질을 사용해 만든 제품이 많이 나오고 있다.

그 중에는 방사선 측정기가 미미한 수치를 기록하는 것도 있다. 국제방사선방호위원회([Q7-1] 참조)는 2007년의 기본권고문에 "음식물, 화장품, 장난감, 장식품 등에 의도적으로 방사성 물질을 첨가하는 것은 정당화될 수 없다."라고 명시하고 있다. 유럽연합(EU)에서도 법령(EU 지령)으로 금지하고 있지만, 일본에서는 아직 규제에 대한 움직임이 없는 듯하다.

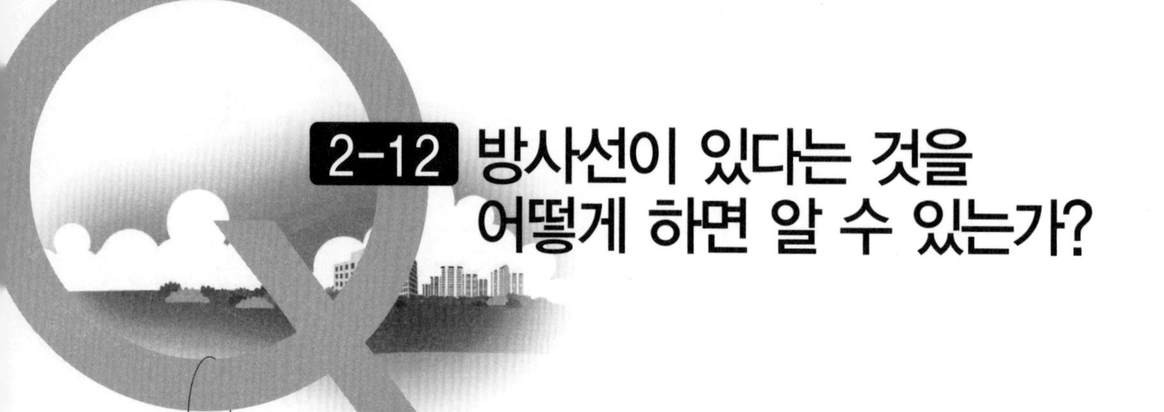

2-12 방사선이 있다는 것을 어떻게 하면 알 수 있는가?

A

흔히 "방사선은 눈에 보이지 않고, 소리도 들리지 않고, 냄새도 없어 거기에 있다는 것을 모르니까 무섭다."라고 하는 이야기를 많이 듣는다. 그러나 이 세상에는 사람의 오감으로 느낄 수 없는 것이 많고, 그 중에는 발암성이 있거나 기형을 유발하거나 만성독성이 있는 것도 있다. 그것들이 방사선 만큼 화제가 되지 않는 것은 원폭이나 체르노빌 원전사고처럼 큰 재해로 이어지지는 않았기 때문일지도 모른다.

방사선이 있음을 아는 가장 확실한 방법은 방사선측정기를 사용하는 것이다. 그러나 방사선측정기는 체중계나 혈압계처럼 흔히 구할 수 있는 것이 아니다. 실제로 믿을만한 제품은 매우 고가이다. 최근에는 몇십 만원에 구입할 수 있는 가이거 카운터(geiger counter) 등이 인터넷에서 판매되고 있기는 하다.

단, 방사선측정기에는 기종에 따라 검출할 수 있는 방사선의 종류나 에너지 범위에 제한이 있기 때문에 측정하는 방사선과 사용하는 측정기의 성질을 알고난 다음에 사용할 필요가 있다.

그러면, 방사선측정기가 없을 때는 어떻게 하면 좋을까? 엑스선을 발견했을 때, 뢴트겐은 물론 방사선측정기를 갖고 있지 않았다. 뢴트겐은 형광도료를 입힌 종이가 희미하게 형광을 발하는 것을 보고 그곳에 눈에 보이지 않는 '무언가'가 부딪치고 있다는 것을 알았다.

이 방법은 러더퍼드가 알파선을 금박에 충돌시킨 다음 그 산란하는 모습에서 원자핵의 존재를 추정할 수 있는 단서를 얻은 실험에서도 사용되었다. 그 실험에서는 30분 이상 어둠에 눈을 익숙케 한 조수(학생이었을지도 모른다)가 암실 안에서 금박을 원통형으로 둘러싸는 형광도료를 입힌 종이에 알파선을 받아서 빛을 내는 곳을 표시해 가는 단순작업을 계

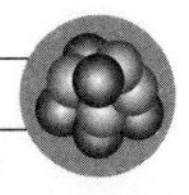

속했다.

즉, 이렇게까지 세심하게 준비하면 단 1개의 알파선이 왔다고 하더라도 눈으로 볼 수 있었을 것이다. 엑스선이나 감마선은 알파선만큼 형광도료를 빛나게 하는 능률이 없었기 때문에 같은 방법으로 광자 1개씩을 식별하는 것은 불가능하다. 하지만, 어느 정도 양의 엑스선이나 감마선이 조사되고 있다면, 방사선처럼 형광도료의 발광을 이용해 그 존재를 알 수 있을 것이다. 사실, 형광도료를 입힌 종이조차 사용하지 않고 방사선을 직접 눈으로 보는 사람들도 있다. 지구의 대기권 밖에 있는 우주비행사들은 태양이나 태양계 밖에서 날아오는 방사선(주로 양성자선)에 노출된다.

양성자선은 눈의 수정체나 유리를 통과할 때 체렌코프 광(cherenkov radiation)이라는 청백색의 빛을 방출한다.

우주비행사들은 눈을 감고 자려고 할 때, 눈 속에 섬광을 느끼는 경우가 있다고 한다(처음으로 그것을 경험한 초기 우주비행사들은 묘한 기분이 들었을지도 모른다.)

마찬가지로 스페이스 셔틀(미국우주항공국이 쏘아 올린 우주 왕복선)이나 국제우주정거장에 가지고 간 텔레비전 카메라(광학 렌즈를 통하여 얻은 상을 전기신호로 송신하는 장치)는 렌즈 속을 양성자선이 통과할 때 발하는 체렌코프 광의 섬광을 기록하게 되므로, 방송 전에 화상처리로 섬광을 제거해야 한다고 한다.

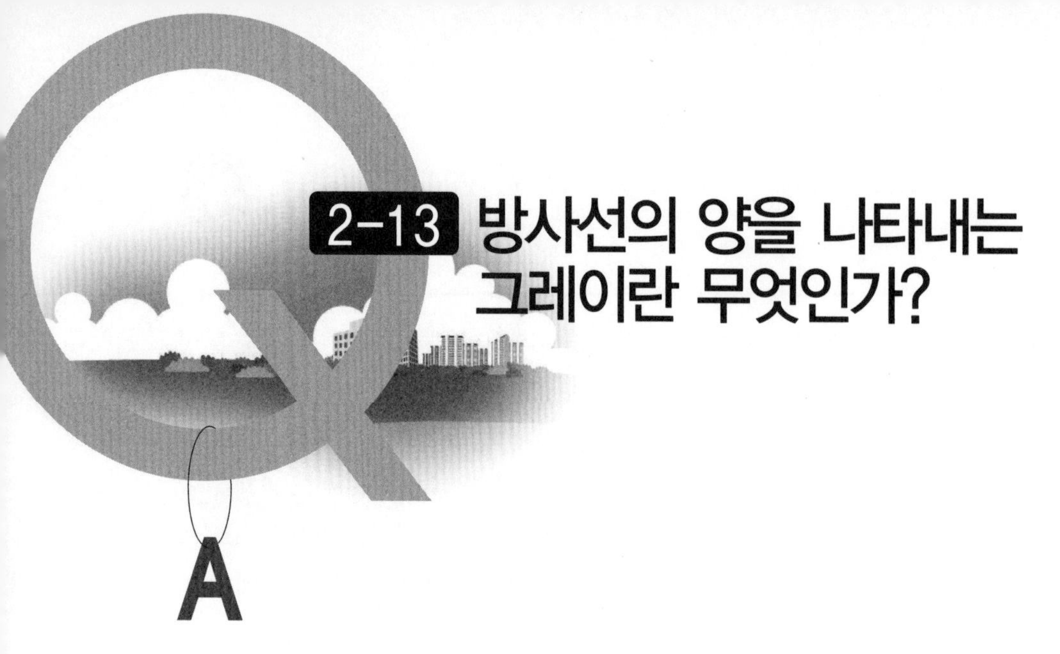

2-13 방사선의 양을 나타내는 그레이란 무엇인가?

A

방사선의 양은 원리적으로는 "어떤 종류의 어떤 에너지를 가진 입자가 어느 정도 나오는가?"를 표시할 수 있다면 좋겠지만, 여러 종류의 방사선이 각각 다른 양의 에너지를 가지고 있을 때, 그것을 모두 열거하는 것은 불가능하다. 그런 방대한 정보를 다루는 대신, 무언가 하나의 수치로 그것을 대표할 수 있다면 매우 편리할 것이다.

그래서 옛 선인들은 사용하는 목적에 맞춰서 그 대표치를 몇 가지 고안하고 그것들을 '방사선의 양(선량)'이라 해왔다. 그 중 '흡수선량'이라 불리는 방사선의 양은 방사선이 물질에 미치는 영향을 평가하는 데, 가장 기본적인 것으로 인정받고 있다.

흡수선량이 어떠한 양인가를 짧게 설명하면, "방사선을 받은 물질의 단위 질량당 원자나 분자가 전리나 여기의 형태로 주고받은 에너지"가 된다. 물질이 다른 무언가로 변화를 하려면 에너지가 필요하므로 방사선에서 물질로 이행한 에너지가, 일으키는 변화의 크기에 비례한다고 하는 생각은-조금 소박할지도 모르겠지만-그럴 듯한 명제라 할 수 있다.

그런데, 앞에서 말한 흡수선량의 설명에는 방사선이 어떤 종류로 어떤 에너지를 가지는지, 방사선을 받는 물질이 어떤 물질인지 나타나 있지 않다. 그러므로 흡수선량은 어떤 종류와 어떤 에너지를 가진 방사선에 대해서도, 그리고 어떤 물질이 방사선을 받는 경우에도 사용할 수 있는 적용범위가 넓은 방사선의 양이라 할 수 있다.

국제단위계(SI 단위계)에서는 에너지 단위가 줄(joule)이고, 질량의 단위가 킬로그램이므로 흡수선량의 단위는 J/kg이 된다. 이 단위에 대해서 특별한 단위명 '그레이(gray)'와 단위기호 'Gy'가 정해져 있다.

그러면 도대체 1Gy란 어느 정도의 방사선 양일까? 독자에게 가장 친숙한 X레이 검사를

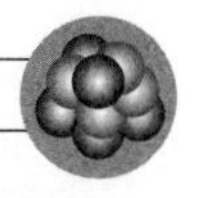

예로 들어 설명한다. 기침이 멈추지 않아 병원에 가면 흉부 X레이 사진을 찍는 경우가 많다.

이 검사로 등의 피부가 받는 흡수선량(흉부 X레이 촬영에서는 등 쪽부터 엑스선을 조사하므로)은 대략 0.1에서 0.2밀리그레이이다. 심한 복통으로 병원에 가면 복부 X레이 촬영을 실시한다.

이 검사에서 배의 피부가 받는 흡수선량(복부 X레이 촬영에서는 침대 위에 바로 눕게 하고 위에서 엑스선을 조사하는 경우가 많으므로)은 대략 1에서 2밀리그레이이다. 흉부와 복부의 X레이 검사에서 피부의 흡수선량이 10배나 차이가 있는 것은 흉부와 달리 복부에는 폐 같은 공동(空洞)이 없기 때문에 엑스선의 흡수가 크고, 더 많은 엑스선을 조사하지 않으면 몸을 투과하는 엑스선의 양이 부족해서 선명한 화상을 얻을 수 없기 때문이다.

여기에서 예로 들은 수치는 어디까지나 평균적인 성인의 흡수선량이다. 완벽하게 같은 검사를 했다고 하더라도 씨름선수와 같이 체격이 큰 사람은 피부의 흡수선량이 평균치의 10배 이상이 될 수 있고, 어린이의 경우는 그 몇 분의 1이 될 수 있다.

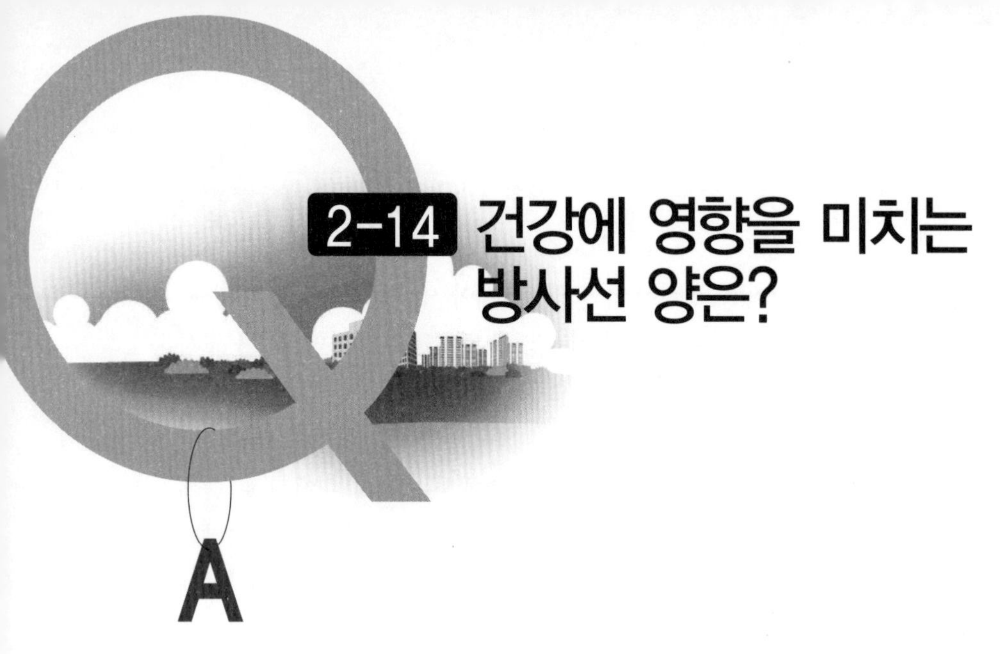

2-14 건강에 영향을 미치는 방사선 양은?

A

흡수선량은 방사선이 물질에 일으키는 변화의 크기를 기준으로 측정하는 것이 목적이지만, 생물이 방사선을 받는 경우에는 조금 이야기가 달라진다. 똑같은 흡수선량을 조사해도 감마선을 조사하느냐 중성자선을 조사하느냐에 따라 세포가 죽거나 이상한 염색체가 생기거나 하는 등 일어나는 변화가 달라지기 때문이다.

그래서 방사선이 생물에게 미치는 영향을 연구하고 있는 사람들은 같은 정도의 영향을 일으키기 위해 기준이 되는 방사선 (코발트^{60}Co이 방출하는 감마선)을 몇 배 조사해야 하는가에 따라 각종 방사선이 생물에 미치는 작용의 강도를 나타내게 되었다. 이 배수인 상대적 생물학적 효과비(RBE)는 어떤 생물에게 미치는 어떤 영향에 주목하느냐에 따라서도 수치가 달라진다.

방사선의 안전을 생각할 때는, 사람이 비교적 약한 방사선을 그다지 많이 받지 않았을 경우, 몇 년 후에 백혈병이나 암에 걸릴지 주목한다. 물론 인간에게서 그 RBE를 구할 수는 없다.

그래서 피폭자들의 건강에 대한 영향을 추적조사해서 '방사선 가중계수'라는 RBE 수치를 추정하고 있다. 그리고 인체 조직이나 기관이 받은 평균흡수선량을 방사선 가중계수로 나타낸 것을 그 조직이나 기관의 '등가선량'이라 한다. 이것은 각 조직이나 기관에 대한 방사선 안전의 기준으로 이용되고 있다. 흡수선량을 그레이 단위로 나타낼 때의 등가선량에는 특별한 단위명 '시버트(seivert)'와 단위기호 'Sv'가 정해져 있다.

흡수선량은 그 정의상, 얼마든지 큰 수치도 취할 수 있다. 하지만 등가선량은 방사선 가중계수가 "사람이 비교적 약한 방사선을 그다지 많이 받지 않았을 때"의 영향에 관한 것

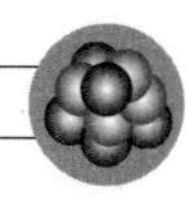

이기 때문에 1시버트를 크게 넘는 영역까지는 사용할 수가 없다.

또한 등가선량이 조직이나 기관의 평균흡수선량에 기초하고 있는 것은, 방사선 방호의 선택지를 비교할 때에 "암 등의 방사선 영향과 방사선 양은 극히 작은 선량까지 비례하고 있다."고 간주하는 방사선 방호의 의사결정을 위한 평가법(LNT 모델)을 이용하고 있기 때문이다. LNT 모델은 방사선에 의한 암의 유발이 DNA를 표적으로 하는 작용이라는 방사선의 작용을 극단적으로 단순화한 관점과 맥락을 같이 한다.

이 단순화한 관점으로는 예를 들면 한 쪽의 유방만이 20밀리그레이의 엑스선을 받은 경우와 양쪽 유방에 10밀리그레이의 엑스선을 받은 경우, 같은 수의 표적이 손상을 받으므로 같은 크기의 영향을 받는다고 평가한다.

[방사선 가중계수]

방사선 입자의 종류	방사선 가중계수 (ICRP 2007년 권고)
엑스선, 감마선 등의 광자	1
전자(베타선)와 뮤온	1
양성자와 하전 파이중간자	2
알파 입자, 핵분열 파편, 무거운 원자핵	20
중성자	2.5~20(에너지에 따른다.)

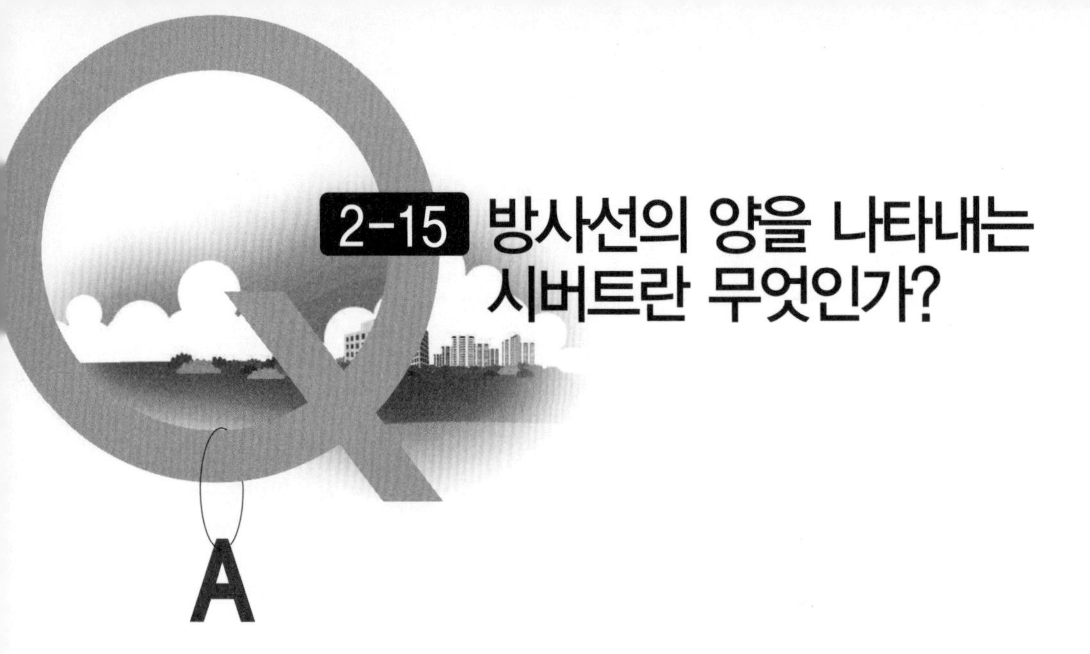

2-15 방사선의 양을 나타내는 시버트란 무엇인가?

A

인체를 구성하는 조직이나 기관이 모두 방사선에 대해 똑같은 반응을 보이는 것은 아니다. 일반적으로 세포분열이 활발한 조직이나 기관일수록 방사선의 영향을 받기 쉽다고 한다. 그래서 방사선에 노출되었을 때, 한 사람이 받는 영향이 얼마나 큰지 생각하려면, 전신의 조직이나 기관의 등가선량을 각 조직이나 기관의 방사선 감수성의 비(조직가중계수)를 가산해서 합계를 낼 필요가 있다.

여기서 문제가 되는 것 한 가지는 체격이 사람마다 다르기 때문에 완전히 같은 종류의 에너지 방사선 입자를 똑같이 받았다 해도, 각 조직이나 기관의 등가선량이 다르다는 것이다. 그래서 국제방사선방호위원회에서는 표준적인 체형의 남녀를 나타내는 3차원 디지털 모델을 정했다. 그리고 그 가상적인 남녀의 조직이나 기관의 등가선량에 조직가중계수를 가산해서 남녀 평균을 구하고 방사선 안전의 기준으로 이용하기로 했다. 이것이 '유효선량'이라 부르는 양으로, 등가선량과 같이 특별한 단위명 '시버트(sievert)'와 단위기호 'Sv'가 정해져 있다.

등가선량과 유효선량은 같은 단위명과 단위기호를 사용하기 때문에 주의해야 한다. 왜냐하면 몸의 일부분만 방사선에 노출된 상황에서는 유효선량이 방사선을 받은 조직이나 기관의 등가선량의 10분의 1 정도 밖에 되지 않기 때문이다. 동일하게 방사선을 받은 상태를 나타내고, 같은 단위명을 사용하면서 수치가 10배 가까이 차이가 난다. 때문에 지금까지 여러 오해나 혼란을 일으키고 있으며, 때로는 방사선 전문가까지 혼란스럽게 할 때가 있다. 그러므로 시버트라는 선량을 들었을 때는 반드시 어느 선량을 말하는 것인가를 확인할 필요가 있다.

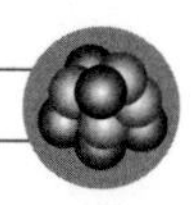

그러면, 1시버트라는 유효선량은 어느 정도의 방사선을 받았을 때의 수치일까.

자연방사선의 경우는 보통, 방사선 방호의 대상에는 속하지 않지만 위험성의 기준이 되므로 그것을 예로 설명해 보겠다. 자연방사선에 대해서는 다음 장에서 자세히 설명하겠지만, 방사성 가스인 라돈을 흡입하는 경우를 제외한다면 세계 평균으로 1년간에 약 1밀리시버트가 된다. 단, 자연방사선의 강도는 지방에 따라 10배 이상 차이가 있다. 인도의 캘커타 남쪽에 있는 케랄라 지방이나 브라질의 상파울루 북동쪽에 있는 과라파리 지방 등과 같이 토양과 암반에 토륨이나 우라늄을 많이 함유한 지역에서는 그 10배에서 20배가 된다. 또, 태양의 활동 상태에 따라서도 달라지는데, 국제우주정거장에서는 하루당 유효선량이 1밀리시버트에 가깝다.

[조직가중계수]

	조직가중계수 ICRP 2007년 권고
적색골수	0.12
결장	0.12
폐	0.12
위	0.12
유방	0.12
생식선	0.08
방광	0.04
식도	0.04
간	0.04
갑상선	0.04
뼈 표면	0.01
뇌	0.01
침샘	0.01
피부	0.01
나머지 조직	0.12

[나머지 조직의 특정]
부신, 외흉곽, 구강점막, 심장, 근육, 쓸개, 임파절, 췌장, 전립선(남성), 소장, 흉선, 비장, 자궁 및 자궁경부(여성)

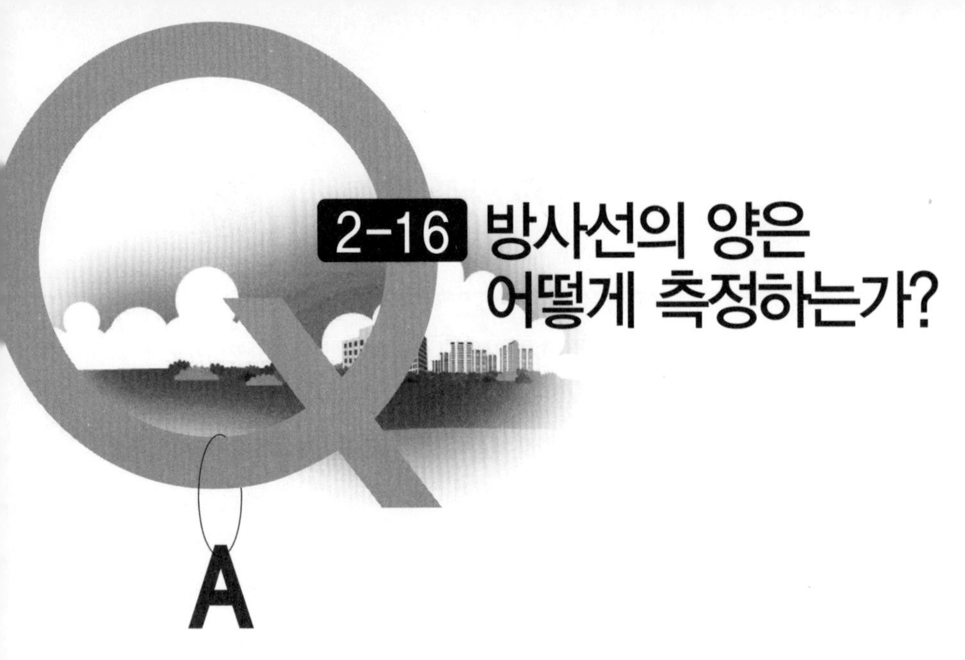

2-16 방사선의 양은 어떻게 측정하는가?

A

방사선의 양을 측정하려면 방사선 측정기가 필요하다. 하지만, 그 양을 측정할 때는 주의해야 한다. 왜냐하면 방사선 측정기는 그 종류에 따라 측정 가능한 방사선의 종류나 에너지의 범위에 한계가 있기 때문이다. 인터넷을 통해서 판매되고 있는 방사선 측정기의 대부분은 가이거 카운터(geiger counter)이다.

동작원리가 단순한 가이거 카운터는 비교적 저렴하고, 잘 쓰면 편리하다. 하지만, 감마선에 대한 감도가 베타선의 10분의 1 이하로, 감마선의 에너지에 따라 감도가 크게 변하는 성질을 가지고 있으므로 유효선량을 측정하기에는 그다지 적합하지 않다. 또한 중성자선의 선량은 전혀 측정할 수가 없다.

그럼에도 불구하고 많이 판매되고 있는 가이거 카운터는 'Msv/h'라는 단위로 측정치를 디지털 표시하도록 되어 있다. 이들 가이거 카운터의 측정치는 그 측정기를 맞춘(교정) 것과 같은 종류와 같은 에너지의 방사선으로, 그 때와 같은 방향에서 조사했을 때 보증되는 수치이다.

만약 측정기의 교정이 세슘 137(Cs^{137})의 감마선으로 되어 있다면 감마선과 베타선이 혼재하는 곳에서는 베타선이 충분히 차폐되지 않은 경우 실제 방사선의 양보다도 훨씬 큰 수치가 표시된다. 코발트 60(Co^{60})의 감마선이나 위의 투시검사에 사용되는 엑스선에 대해서는 반대로 실제보다 작은 수치가 표시된다. 또한 병원의 엑스선 촬영처럼 순간적으로 조사되는 방사선에는 거의 반응하지 않는다.

자나 저울이라면 누가 재든 거의 같은 측정치가 나온다. 그러나 예를 들어 손목에 차는 디지털 혈압계는 손을 허리까지 내려서 측정하거나 머리 위로 올려서 측정하면 혈압이 제

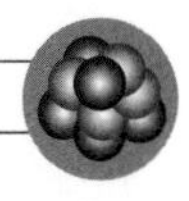

대로 측정되지 않는다. 심장과 거의 같은 높이에서 측정하여도 급히 계단을 오른 후에 혈압을 측정하면 제대로 된 수치가 나오지 않는다.

방사선 측정기도 마찬가지다. 측정기의 성질과 측정하는 방사선이 대략 어떤 것인지. 그 방사선의 전파 방식이나 측정기, 그리고 주위의 물체에 닿을 때 어떤 일이 일어나는가를 모르면 정확하게 방사선의 양을 측정할 수 없다. 따라서 방사선의 양을 정확하게 측정한다는 자체가 실은 상당히 숙련을 요하는 작업이다.

암 치료에 방사선을 이용할 때는 적정량의 방사선을 조사하기 위해 표준측정법으로 방사선 양을 조절한다. 그러나 표준측정이라는 이상적인 조건에서조차, 1% 이하의 측정정밀도를 유지하는 것은 매우 어려운 일이다.

그러므로 방사선의 강도도 다르고 조사방향도 일정하지 않은 환경 레벨에서 방사선의 양을 10% 이하의 정밀도로 측정하는 것은 거의 불가능하다. 환경 레벨의 측정에서 두자릿수의 증감에 일희일비할 필요는 전혀 없다. 그 뿐만 아니라 측정치 그 자체가 여러 가지 이유로 적어도 50% 정도의 오차를 가지고 있다고 생각하는 여유가 필요하다.

2-17 방사선을 막으려면 어떻게 해야 하는가?

A 방사선이란 여러 입자가 에너지를 운반하고 있는 상태를 말한다. 방사선 입자는 물질과 작용하면 전파의 강도가 줄어들기도 하고 소멸하기도 한다. 그러므로 방사선이 지나는 길에 적절한 물체를 놓고 방사선 입자가 그 물체와 많은 작용을 하도록 하면, 방사선은 전혀 그 물체를 투과할 수 없거나 투과한다 하더라도 극히 미미한 투과밖에 하지 못한다. 이것이 방사선을 막기 위한 기본적인 방법이다.

대부분의 알파선은 불과 10센티미터 정도의 공기로 막을 수 있으므로 어떻게 막을까 심각하게 고심하지 않아도 된다. 베타선은 알파선보다 큰 투과성을 갖고 있다. 그러나 투과성이 크긴 하지만, 두께 1센티미터의 플라스틱판을 투과할 수 있는 베타선은 흔하지 않다. 단, 비교적 에너지가 큰 베타선은 납이나 철 등 원자번호가 큰 물질에 닿으면 에너지가 높은 엑스선을 발생시키므로 주의가 필요하다.

두께가 1밀리미터도 안되는 납판으로도 1센티미터의 플라스틱판과 같이 베타선을 막을 수 있지만, 발생하는 엑스선은 거의 약해지지 않고 납을 투과해 버린다. 이렇게 되면 베타선은 막을 수 있어도 방사선을 다 막았다고 할 수는 없다.

전하를 띠지 않는 감마선이나 엑스선 광자의 한 무리가 물체를 관통하려 할 때에는 광자 에너지와 물체의 종류와 두께로 결정되는 비율로 반응이 일어나, 투과된 광자의 수가 적어진다([Q2-8] 참조). 그래서 광자의 수가 절반이 되는 물체의 두께(반가층(半價層))를 알면 엑스선이나 감마선을 막을 수 있다. 광자의 수가 절반이 되는 물체를 하나 더 겹치면 관통된 광자의 수는 절반의 절반(4분의 1)이 되고, 세번 겹치면 8분의 1이 되므로, 얼마나 약하게 할 것인가에 따라 겹치는 수를 선택하면 된다.

X레이 검사에 사용되는 엑스선과 같이 비교적 에너지가 낮은 광자는 궤도전자를 많이

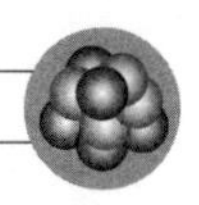

가진 원자에 흡수시키는 것이 효율적이므로 납과 같은 무거운 물질이 이용된다. 한편 세슘 137(Cs^{137})의 감마선이나 방사선 치료에 이용되는 선형가속기의 엑스선 등에는 광자와 전자의 연쇄 충돌(콤프턴 산란) 쪽이 더 효과적이다.

그 때문에 물질의 종류보다는 차단하기 위해 사용된 물질의 중량 쪽이 더 의미를 가지며, 같은 무게의 물체라면 납이든 콘크리트든 물이든 거의 동등한 효과를 갖는다.

전하를 띠지 않고, 작은 원자핵에만 반응하는 중성자는 가장 막기 어려운 방사선이라 할 수 있다. 가능한 한 많은 원자핵을(즉 물질을) 그 지나는 길에 두는 것이, 중성자를 막는 기본이다. 중성자는 수소의 원자핵과 거의 같은 무게를 가지고 있기 때문에 수소의 원자핵과 충돌했을 때에 가장 큰 에너지를 잃는다. 그래서 중성자의 차폐에는 수소를 많이 포함한 물질(예를 들면 물이나 폴리에틸렌 등)이 이용된다.

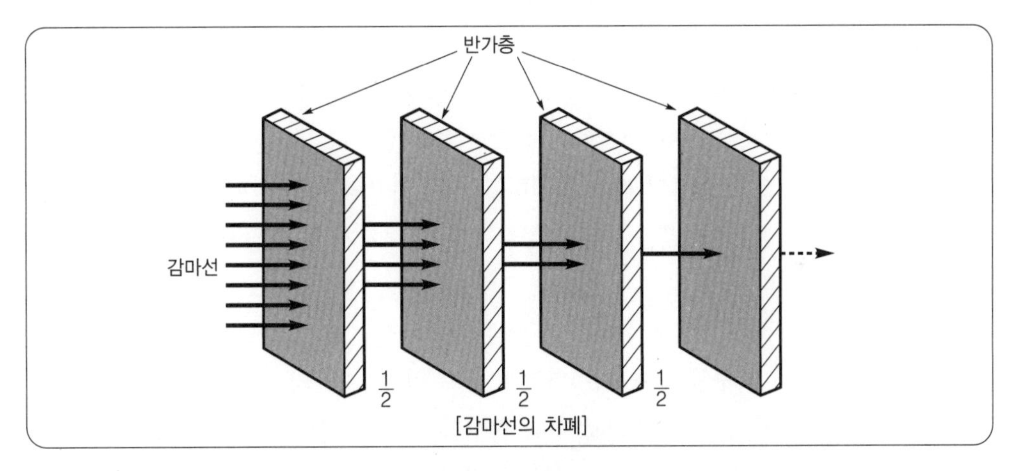

[감마선의 차폐]

[방사선의 차폐]

방사선의 종류	차폐물	비고
알파선	종이로도 충분	막을 수 있다.
베타선	플라스틱판	막을 수 있다.
에너지가 낮은 엑스선, 감마선	납 등이 효률적	약화시킬 수 있다.
에너지가 높은 엑스선, 감마선	물질에 상관없이 충분한 중량이 있으면 된다	약화시킬 수 있다.
중성자	물이나 폴리에틸렌, 콘크리트나 철 등	약화시킬 수 있다.

SF영화에 나올 듯한 방사선 차단장치를 만들 수 있는가?

방사선을 막기 위해서는 에너지를 운반해오는 입자에 작용해서 그 에너지를 잃게 하거나, 진행방향을 딴 데로 돌릴 필요가 있다. [Q2-17]에서는 에너지를 잃게 하는 방법에 대해서 설명했다. 실제로, 현재의 기술로 가능한 방법은 이것뿐이라고 말할 수 있다. 그러나 SF영화 팬이 기대하는 것은, 두 번째 방법일 것이다. 만약, 방사선이 전하를 가진 입자만으로 이루어져 있다는 것을 알고 있다면 미래의 기술을 사용하지 않아도 두 번째 방법을 실현할 수 있다.

그것은 자장을 이용하는 방법이다. 전하를 가진 입자가 자장의 안으로 날아오면 자신의 진행방향과 자장의 방향 양쪽에 수직인 방향으로 힘을 받는다. 그 힘은 전기 모터를 회전시키는 힘과 같은 것으로 자장의 강도와 전하를 가진 입자의 속도에 비례한다. 이것은 방사선을 막기 위해 사용할 수 있는 적절한 성질이다. 에너지가 높은 입자일수록 강한 힘으로 진행방향을 바꾸게 할 수 있기 때문이다.

지구의 자장은 지구를 둘러싸서 태양이나 멀리 떨어진 천체에서 날아오는 고에너지의 양성자선 등으로부터 지구를 보호하는 역할을 하고 있다. 지구의 자기 밖으로 나가면 그러한 보호를 받을 수가 없다. 그러므로 만약 화성으로 유인비행을 하려 한다면, 우주선을 자장으로 감싸야 할 필요가 있을 지도 모른다. 그것은 단순한 전자석(필시 초전도자석)에 지나지 않지만, 함장이 "차폐 시작(Shield on)!"을 외치면 그 즉시 둘러칠 수 있는 방사선 차폐 그 자체라고 할 수 있을 것이다.

그러나 전하를 띠지 않은 입자의 방사선인 엑스선이나 감마선이나 중성자선에 대해서는, 현재 스위치 하나로 방사선을 차단하는 효과적인 방법은 없는 것 같다.

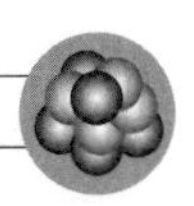

[방사선·방사능에 관한 양과 단위]

양의 명칭	단위명	기호	양의 의미
흡수선량	그레이	Gy	피폭하는 물질에 흡수되는 단위질량당 에너지 양을 말한다. 어떤 방사선에도 사용할 수 있는 가장 기본적인 방사선의 양이다. 단시간에 수 Gy의 방사선을 전신에 받으면 목숨이 위험할 수도 있지만, 100mGy 이하는 동물실험에서도 거의 영향을 관찰할 수 없다([Q2-13] 참조).
흡수선량률	그레이 퍼 아워	Gy/h	방사선의 강도를 나타내기 위한 기본적인 양.
등가선량	시버트	Sv	낮은 선량을 낮은 선량률로 받았을 때, 방사선의 종류에 따른 조직이나 기관의 평균 흡수선량. 1~2Sv보다 작은 영역에서만 사용할 수 있다([Q2-14] 참조).
유효선량	시버트	Sv	표준적인 체격의 남녀에게 각각의 방사선 감수성에 따라서 전신의 조직이나 기관의 등가선량을 적용해 합계한 값을 남녀 간에 평균한 선량. 방사선 방호의 목적(최적화 : [Q7-2] 참조)으로만 이용된다. 유효선량으로 개인이 장래 암에 걸릴 가능성을 추정할 수는 없다.
유효선량률	시버트 퍼 아워	Sv/h	방사선 방호를 위한 방사선의 강도를 나타내는 양.
방사능의 강도	베크렐	Bq	1초에 1개의 방사성 동위원소의 원자핵이 붕괴하는 것과 같은 방사성 물질의 양.
	(퀴리)	(Ci)	라듐 1g을 기준으로 하는 옛날에 사용되었던 방사능의 강도를 나타내는 양. 1 ci=37,000,000,000Bq
방사능 농도	베크렐 퍼 킬로그램	Bq/kg	"식품 중의 방사성 물질에 관한 잠정규제치" 등에 사용되는 양.
	베크렐 퍼 세제곱미터	Bq/m^3	오염수의 방사능 강도 등을 나타내는 데 사용되는 양.
표면오염 밀도	베크렐 퍼 제곱미터	Bq/m^2	물질 표면의 방사능 오염 정도를 나타내는 데 사용되는 양.
그 밖의 양			
카운트 값		cpm	가이거 카운터 등의 검출기가 세는, 1분당 검출기가 반응한 방사선 입자의 수.

3장

알아두어야 할 방사능 지식

3-1 방사능이란 무엇인가?

A

방사능이라는 말은 방사선을 내는 능력이나 성질을 의미하는 radioactivité(불어)와 radioactivity(영어)를 번역한 것이다. 그러나 3음절로 구성된 이 단어가 쓰기 쉬웠던 때문인지, 방사능을 가진 물질(방사성 물질=radioactive material 또는 방사성 동위원소=radioisotope 'RI'로 약칭하는 경우도 많다.)을 의미하는 말로도 사용하고 있다.

그러므로 '방사능'이라는 말에는 우라늄이나 라듐이나 방사성 세슘 같은 방사성 물질이 가진 '방사선을 내는 성질'이라는 의미와, 방사성 물질 그 자체를 의미하는 두 가지 뜻이 있다. 그리고 오늘날에는 '격납용기에서 방사능 누출'과 같이 방사성 물질이라는 의미로 사용되는 것을 많이 보고 들을 수 있게 되었다.

또한, 방사성 물질의 방사능의 강도를 나타내는 activity도 똑같이 '방사능'으로 번역되게 됐다. "이 시금치 1kg에 포함된 방사성 요오드의 방사능은 100베크렐이다." 등처럼 사용하는 것이 그 한 예이다.

같은 말을 몇 가지 의미로 사용하면 혼란스럽다. 따라서 가능하면 방사능이라는 말은 최초의 성질을 의미할 때만 사용하고, 그 외에는 방사성 물질(또는 방사성 동위원소)이나 방사능의 강도(방사능량) 등으로 구분해 쓰면 좋겠다.

그런데 방사능이 있는 물질과 없는 물질은 무엇이 다른 것일까? 그 차이는 원자핵의 구조에 있다. 원자핵은 양성자와 중성자로 되어 있지만 양성자와 중성자의 수를 잘 조합시킨다고 해서 안정된 원자핵이 되는 것은 아니다. 원자핵이 안정되기 위해서는 양성자와 중성자의 수가 적절한 균형을 유지해야 한다. 예를 들어 양성자가 너무 많으면 좁은 원자핵 안에서 플러스 전하를 가진 양성자끼리 서로 반발하여 불안정하게 되기 때문이다.

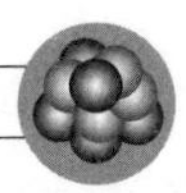

현재 천연 원자핵과 인공 원자핵을 합쳐서 3천 종류 정도의 원자핵이 알려져 있지만, 안정된 원자핵은 그 중 270종류 정도밖에 되지 않는다.

다음 그림은 기존의 원자핵이 어떤 양성자수와 중성자수로 되어 있는가를 나타낸 분포이다. 안정된 원자핵은 이 분포의 중심에 끌어당겨진 1개의 선과 같은 부분-원자핵의 에너지가 낮아서 '안정된 골짜기'라 불리기도 한다-으로, 이 선에서 벗어난 원자핵은 모두 방사능을 가진다. 그리고 안정된 원자핵에 대응하는 선에서 멀어지면 멀어질수록 원자핵은 불안정해진다.

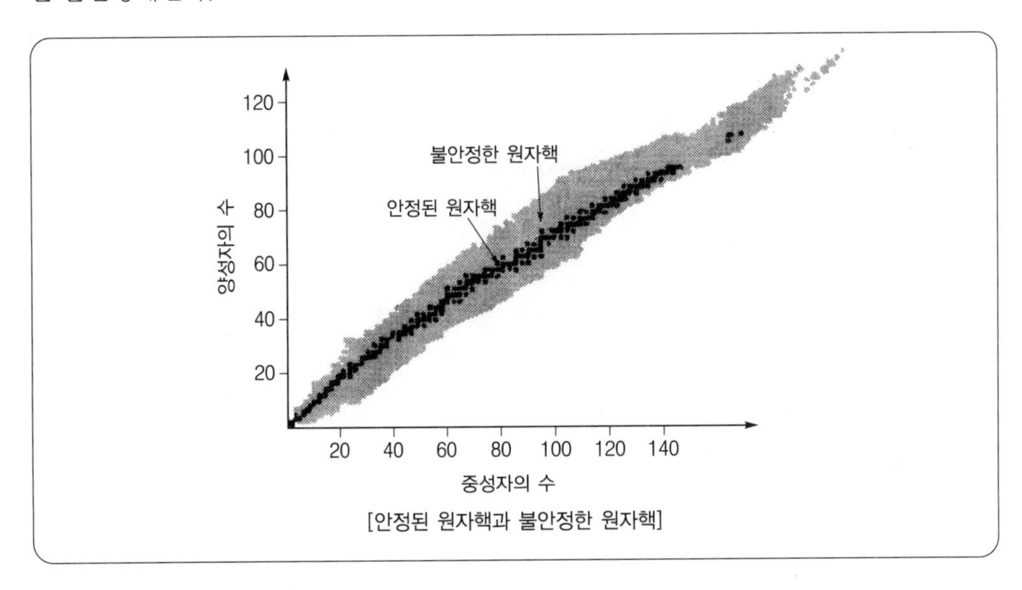

[안정된 원자핵과 불안정한 원자핵]

3-2 방사능과 방사선은 어떤 관계가 있는가?

A

질문의 '방사능'이라는 말이 방사선을 내는 능력 또는 성질이라는 본래의 의미라면, 그 의미 자체가 답이 될 것이다. 원자핵이 알파선이나 베타선이나 감마선 등의 방사선을 자연적으로 방출하는 능력을 가질 때 그 원자핵에는 방사능이 있게 된다. 만약 질문의 '방사능'이라는 말이 방사성 물질(방사성 동위원소)의 의미라고 한다면, 그 경우의 방사능은 방사선의 근원 중 하나이다. 방사선의 근원에는 방사능 외에 X레이 검사에 사용되는 엑스선 장치나 여러 가지 입자 가속기, 태양, 그 외의 천체가 있다.

이 경우의 방사능과 방사선의 관계는 흔히 전구와 그 빛에 비유된다. 하지만, 방사능에서 방출되는 방사선은 전구와 같이 스위치를 켜고 끄는 것으로 점멸시킬 수 없기 때문에 양초와 그 빛에 비유하는 것이 더 어울릴지도 모른다. 방사선이 나오는 방식은 양초가 발하는 불꽃과 같이 불규칙적으로 흔들리고, 방사성 물질의 방사능 강도도 시간이 지남에 따라 약해지므로 그 점에서도 유사성이 있기 때문이다.

이와 관련해 방사선 누설과 방사능 누출은 의미가 다름에 주의하길 바란다. 최근에는 적어졌지만, 보도에서 둘을 착오하는 예가 아직도 있기 때문이다. 방사선 누설은 방사선 차폐가 약한 곳에서 방사선이 누설되는 것으로, 차폐를 강화해서 누설을 막으면 환경에는 아무런 영향도 남지 않게 된다.

그러나, 방사능 누출은 방사성 물질이 누출되는 것이기 때문에 누출을 막아도 누출된 방사성 물질에 의한 환경 오염이 남는다.

방사능의 강도와 방출되는 방사선 양의 관계는 꼭 양초의 개수와 거기서 나오는 빛의 밝기 관계와 같다. 그러나 여기서 주의해야 할 것은 방사능의 강도는 방출되는 방사선의

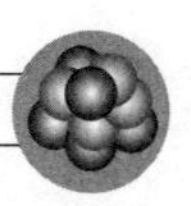

양에 비례하지만, 방사능의 강도가 같아도 방출되는 방사선의 종류나 강도(방사선 입자의 개수와 에너지)는 방사성 동위원소의 종류에 따라서 달라진다는 것이다.

이것은 마치 양초의 개수가 같아도 개개의 양초가 어느 정도 큰 불꽃으로 타는가에 따라 빛의 강도가 가지각색인 것과 같다. 방사능의 강도로부터 방사선의 강도를 구하려면 그 방사성 동위원소가 어떤 종류이고, 어떤 에너지의 방사선을 어느 정도의 비율로 방출하는가에 대한 정보가 필요하다.

"방사선을 받으면 방사능이 생긴다."고 염려하는 사람이 있지만, 물질에 방사능을 만들어내는 방사선은 중성자선 이외에는 원자핵 반응을 일으킬 수 있는 매우 높은 에너지의 방사선에 한정된다([Q2-9] 참조). 그리고 무시할 수 없는 강도의 방사능을 만들려면, 그러한 방사선을 대량으로 받아야만 된다.

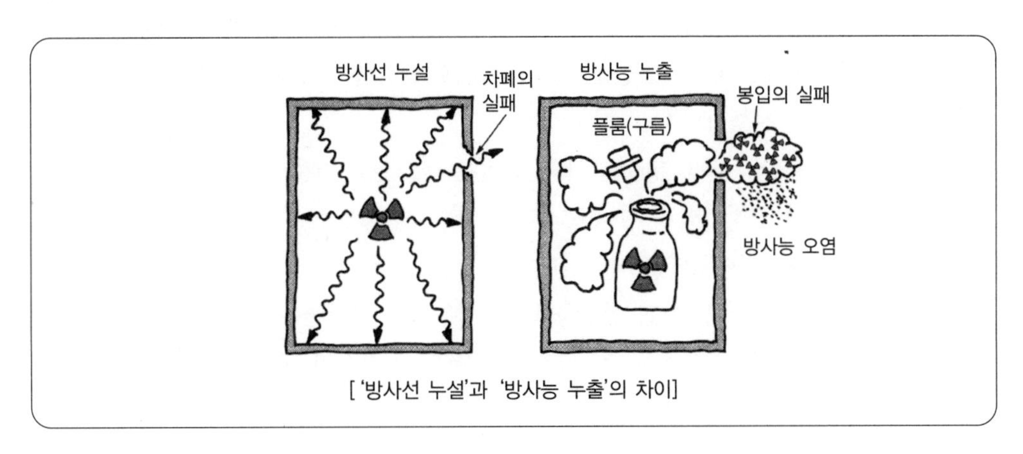

['방사선 누설'과 '방사능 누출'의 차이]

3-3 누가 방사능을 발견하였는가?

A

방사능은 프랑스의 물리학자 앙리 베크렐(Antoine Henri Becquerel)이 뢴트겐(Wilhelm Conrad Röntgen)의 엑스선 발견에 자극을 받아 실시한 연구로, 엑스선의 발견 후 반년도 지나지 않은 시기에 발견하였다. 뢴트겐이 엑스선을 발견하게 된 계기는 엑스선이 형광물질의 빛을 내게 한 현상이었기 때문에 베크렐은 형광과 엑스선의 관계에 흥미를 가지고 연구를 진행하였다.

엑스선이 형광을 발한다면, 형광을 내는 물질은 엑스선을 방출할지도 모른다는 상상은 당시 완성되어 있던 전자기학의 지식(전자파(=빛)의 방출과 흡수에 관한 이론)에 기초한 유추로서 자연스러운 것이었다고 생각된다.

베크렐은 태양광에 노출시키면 인광을 발하는 우라늄 화합물을 차광지로 싸서 인광을 차단해도 사진 건판을 감광시키는 것을 1896년 2월에 발견하여, 추측에 대한 강한 확신을 갖게 되었다.

[베크렐과 퀴리 부부]

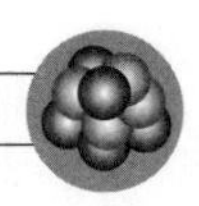

우라늄 화합물을 태양광에 노출시키는 것이 불가능한 흐린날, 인광을 발하지 않는 우라늄 화합물과 함께 놓아둔 사진 건판에 무언가 빛이 지나간 자국을 발견했다. 이것으로부터 우라늄 화합물에서는 차광지를 투과할 수 있는 방사선이, 외부에서 에너지를 받아서 발광하는 인광과는 관계없이 방출된다는 것을 알아냈다.

이 현상을 더욱 연구한 것은 피에르 퀴리(Pierre Curie)와 마리 퀴리(Marie Curie) 부부다. 우라늄 화합물에서 방출되는 방사선이 온도나 압력 등에 좌우되지 않는다는 것을, 방사선이 만들어내는 전리의 양을 정밀하게 측정함으로써 확인하였다. 이와 같은 성질을 방사능(放射能; radioactivite)이라 명명한 것은 베크렐이 아닌 퀴리 부부였다고 한다.

즉, 방사능이라는 현상을 처음으로 발견한 것은 베크렐이지만, 그것이 원자 그 자체의 성질인 것을 밝혀내고 이름 붙인 것은 퀴리 부부였다고 할 수 있다. 방사능을 발견한 공적을 인정해, 1903년에 노벨 물리학상이 베크렐과 퀴리 부부 3명에게 주어진 것은 이러한 이유에서이다.

방사능의 강도 단위로, 예전에는 라듐 1g의 방사능의 강도를 기준으로 하는 퀴리(Ci)가 이용되었고, 국제단위계(SI 단위계)의 사용이 정해진 현재에는 베크렐(Bq)이 이용되고 있는 데는 그러한 연유가 있다(2장 끝의 표 참조).

3-4 방사능에는 어떤 종류가 있는가?

A

방사능은 불안정한 원자핵이 그 구조를 변화시켜서, 보다 안정된 원자핵으로 변할 때에 여분의 에너지를 여러 가지 입자에 실어서 방출하는 성질을 가지고 있다. 불안정한 원자핵의 구조 변화는 원자핵을 구성하는 입자가 어떻게 변화하는가와, 어떤 입자를 방사선으로서 방출하는가에 따라 알파 붕괴, 베타 붕괴, 자발핵분열 및 핵이성체 천이의 4가지로 분류할 수 있다. 즉, 이 네 가지가 방사능의 종류이다.

알파 붕괴는 불안정한 원자핵이 알파선을 방출하여 양성자와 중성자의 수가 모두 2개 작은 원자핵으로 변한다. 알파 붕괴는 라듐처럼 양성자 수도 중성자 수도 많은 무거운 원자핵에서 일어난다.

베타 붕괴는 원래 불안정한 원자핵이 베타선을 방출하여, 양성자의 수를 하나 늘리는 동시에 중성자수를 하나 줄이는 것을 말했다. 그러나 그 후 불안정한 원자핵이 양전자(플러스의 전하를 가진 전자의 반입자)를 방출하여 양성자의 수를 하나 줄이는 동시에 중성자의 수를 하나 늘리는 현상(양전자 붕괴)과, 불안정한 원자핵이 궤도전자를 1개 흡수하여, 양성자의 수를 1개 감소시키는 동시에 중성자의 수를 1개 늘리는 현상(궤도전자 포획)도 포함하는 의미가 되었다.

그래서 원래 형태의 베타 붕괴만을 의미할 때는(베타 입자가 마이너스 전하를 가지는 것으로부터) '베타 마이너스 붕괴'라 부르게 되었다. 베타 붕괴는 원자핵이 양성자와 중성자 수의 균형을 회복하려는 변화이다. 중성자가 너무 많은 원자핵은 베타 마이너스 붕괴를, 양성자의 수가 너무 많은 원자핵은 양전자 붕괴(베타 플러스 붕괴)나 궤도전자 포획을 일으킨다.

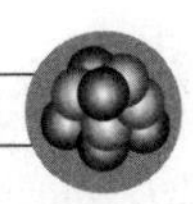

자발핵분열은 원자핵이 2개의 파편으로 나뉨과 동시에 몇 개의 중성자를 방출하는 현상으로 우라늄 등 매우 무거운 원자핵에서 일어난다. 이것은 원자핵 안에서 양성자와 중성자를 결합시키고 있는 핵력이 원자핵의 직경에 비해 짧은 거리에서만 작용하므로 원자핵이 너무 커진다면 1개의 큰 원자핵으로 있기보다는 2개의 작은 원자핵으로 나뉘는 쪽이 안정되기(양성자와 중성자 1개당 결합 에너지가 늘어난다) 때문이다.

알파 붕괴나 베타 붕괴를 일으킨 원자핵과, 자발핵분열로 생긴 분열파편의 원자핵이 에너지가 높은 여기 상태에 있으면, 그 여분의 에너지는 주로 감마선의 형태로 원자핵에서 방출된다.

감마선의 방출은 보통 알파 붕괴나 베타 붕괴나 자발핵분열 직후에 일어난다. 하지만, 그 중에는 원자핵이 다소 안정된 여기 상태에 있기 때문에 시간이 지난 후 방출되는 경우가 있다. 그러한 준안정 여기 상태의 완화 과정을 핵이성체 천이라 부른다. 암이나 갖가지 대사기능의 검사에 사용되는 방사성 의약품에 가장 널리 이용되고 있는 테크네튬(technetium)의 준안정의 여기 상태는 핵이성체 천이의 반감기가 6시간이나 된다.

3-5 방사능은 어디에 있는 것인가?

A

방사능(방사성을 가진 물질=방사성 물질)은 모든 곳에 있다. 우주에서는 별 안에서 여러 가지 방사성 동위원소가 만들어진다. 별이 초신성 폭발할 때에는 더욱 많은 종류의 철보다도 무거운 방사성 동위원소와, 지극히 수명이 짧은 방사성 동위원소도 만들어진다. 폭발로 흩어진 물질이 마침내 모여서 다음 세대의 항성과 혹성을 형성했을 때, 그 재료에는 그러한 방사성 물질이 포함되어 있다.

지구를 구성하는 물질 안에도 이전에 초신성이었던 별이나 그 폭발 시에 만들어진 수십억년 이상이라는 긴 평균수명을 가진 방사성 동위원소가 포함되어 있다. 우라늄은 그 대표적인 것이다. 지역에 따라서 차이가 있지만 1톤의 흙과 암석에는 세계 평균 3~5g 정도의 우라늄이 포함되어 있다. 이것은 1톤당 세계 평균 300mg 정도에 지나지 않는 금에 비해 훨씬 더 많은 양이다.

우라늄이라 하면, 원자로의 연료를 연상하는 사람이 많을 것이다. 그 중에는 걸프 전쟁 등에 사용된 열화 우라늄 철갑탄을 떠올리는 사람도 있을지 모른다. 열화(劣化) 우라늄이란 원자로의 연료가 되는 우라늄($^{92}U^{235}$)를 추출하고 난 찌꺼기 우라늄이라는 의미다. 결코 유해성이 강하다는 의미가 아니다. 그러나, 우라늄은 일찍이 항공기나 선박의 균형을 위해 사용된 적도 있었다. 현재에는 고가의 골동품 유리기구 이외에는 거의 볼 수 없게 되었지만, 유리에 노란색(황록색)을 넣기 위해 사용되는 경우도 있다.

지구의 탄생 이전부터 존재한 방사성 동위원소 중에는 우리의 몸 안에 포함되어 있는 것도 있다. 칼륨은 사람의 몸에 약 0.2% 포함되어 있는 원소인데, 그 0.01% 이상은 지구의 탄생 이전부터 있었던 방사성의 칼륨 40(K^{40})이다.

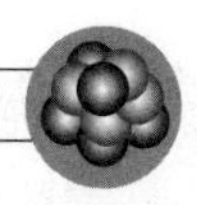

야채 중에는 칼륨을 다량 함유하고 있는 것이 있는데, 그러한 야채의 절단면을 사진의 필름에 밀착시키고 암실 안에 놓아두면, 칼륨 40(K^{40})에서 방출되는 베타선 때문에 필름이 감광하여, 희미하게 야채의 윤곽이 투영된다. 그런 오래된 방사성 물질뿐만 아니라 날마다 만들어지고 있는 방사성 물질도 많이 있다. 흙이나 돌에 포함되어 있는 우라늄이 붕괴해서 납으로 바뀌는 도중에 여러 가지 방사성 동위원소가 만들어진다. 그 중에는 평균 수명이 5일 반인 방사성 가스 라돈이 있다. 라돈은 우라늄 광산의 갱도뿐만 아니라, 돌이나 콘크리트로 만든 건물의 지하실처럼 환기가 잘 안되는 곳에도 쌓인다.

대기에도 방사성 물질이 섞여 있다. 우주선이 만들어내는 방사성 탄소(C^{14})나 트리튬(수소의 방사성 동위원소)은 광합성과 음식물을 통해서 모든 생물에 들어가 있다.

우리 주변에는 인공 방사성 물질도 많이 존재하고 있다. 병원이나 공장 또는 연구소에서 사용되는 것 이외에도, 예를 들면 손목시계에는 트리튬(H^3)이나 프로메튬(Pm^{145})이 방출하는 베타선을 이용해서 글자판에 빛을 내는 것이 있다. 또한 건물의 천정에 설치되어 있는 연기감지기 중에는 아메리슘(Am^{241})의 알파선을 연기가 전류차단하는 것을 이용한 것이 있다.

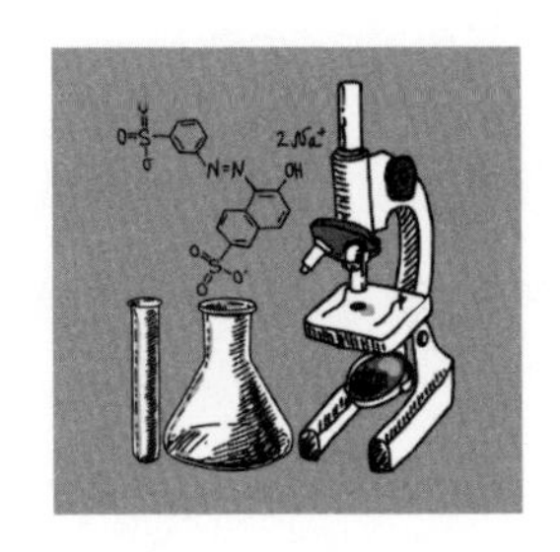

3-6 방사능은 만들 수 있는가?

A

안정된 원자핵을 어떤 방법으로든 불안정한 상태가 되게 하면, 방사성 물질이 만들어진다. 자연은 과거 끝없이 항성이나 초신성의 폭발 등으로 방사성 물질을 계속해서 만들었고, 또한 대기권에 쏟아지는 우주선이 그것을 보내 왔다. 자연이 해온 일을 인공적으로 실현하면, 방사성 물질을 인공적으로 만들 수 있다. 그러나 거기에는 강한 중성자선원이나 입자를 고에너지로 가속시키는 기술이 필요하다.

강한 방사선원인 원자로를 최초로 만든 것은, 이탈리아의 물리학자인 페르미(Enrico Fermi)이다. 페르미는 1942년에 세계에서 처음으로 원자로(흑연 감속로)를 시카고 대학에 건설했다. 고에너지의 입자 가속기의 첫발은, 1932년에 미국의 물리학자 에른스트 로렌스(Ernest Orlando Lawrence)가 만든 사이클로트론이라 해도 좋을 것이다. 원자로는 항성이 하고 있는 일을, 입자 가속기는 우주선이 하고 있는 일을, 각각 제어된 조건하에서 보다 다양한 물질에 대해서 실현 가능하게 했다.

인류는 그 이후, 원자로와 다양한 입자 가속기를 이용해서 지구상에는 존재하지 않는 방사성 물질을 만들어냈다. 그리고 그 중에서 적당한 성질을 가진 방사성 동위원소를 산업과 의학, 연구를 위해 제조해 왔다. 특히 원자로는 그 강한 중성자선을 이용해서 대량의 방사성 물질을 제조하는 데 적합하다.

원자로를 이용해서 제조된 방사성 물질 중에는 핵무기에 사용되는 플루토늄(Pu^{239})과 같은 것도 있지만, 원자로에서 만들어진 대표적인 감마선원인 코발트(Co^{60})나 이리듐(Ir^{192}), 이 중 대표적인 베타선 방출 핵종인 트리튬(H^{3})이나 인(P^{32}), 스토론튬(Sr^{90}) 등은 여러 분야에서 널리 이용되고 있다.

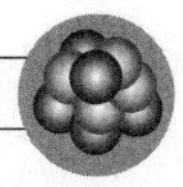

원자로에서 만들어진 방사성 물질 중 의료 분야에서 특히 중요한 것은 몰리브텐(Mo^{99})이다. 다양한 임상검사에 몰리브텐(Mo^{99})의 베타 붕괴로 생성하는 Tc^{99m}(테크네튬 99의 준안정의 여기 상태)가 이용되고 있기 때문이다.

그러나 방사성 물질 제조용으로 이용되어 온 캐나다, 네덜란드 및 벨기에의 원자로가 동시에 노후화되었기 때문에 수요가 특히 많은 방사성 의약품 공급이 불안해지기 시작했다.

입자 가속기에 의한 방사성 물질의 제조는 일부 방사성 의약품 제조를 제외하고 연구목적용이 많았지만, 의학에서 양전자단층영상기술(PET)이 개발되자, 그 검사에 사용되는 매우 짧은 수명의 방사성 동위원소를 제조하기 위해, 소형 사이클로트론이 시판되었다. 일본에서는 현재 100대 이상의 사이클로트론이 병원에서 사용되고 있다. 방사능은 이제 매일 쉽게 만들 수 있게 된 것이다.

3-7 방사능을 없앨 수 있는가?

A

SF 영화라면 방사능을 제거하는 기계가 등장할 수 있겠지만, 현실적으로는 스위치 하나로 방사능을 없애는 기술은 아직 없다. 방사성 동위원소의 방사능 강도는 그 방사성 동위원소 특유의 속도로 일정 비율 감소해가는 것뿐이지 결코 없어지는 것이 아니다(73 페이지 그림 참조). 그 감소 비율은 온도나 압력을 가하거나, 자장이나 전장을 일으키게 하거나, 산이나 알칼리를 작용시켜도, 그 속도를 바꿀 수는 없다. 그런 의미에서 방사능의 제거라는 것은 꿈에서나 가능한 일이라고 할 수 있다.

그러나 어느 방사성 동위원소를 핵반응을 통해 안정된 동위원소로 바꾸거나, 더 수명이 짧은 방사성 동위원소로 바꾸거나 해서 결과적으로 방사성 동위원소를 소멸시킬 수 있다. 전자의 방법은 만약 가능하다면 이상적이지만, 목적대로 핵반응만을 선택적으로 일으키는 것은 쉽지 않은 일이다.

후자의 경우, 수명이 짧은 방사성 동위원소의 방사능 강도는 원래의 방사성 동위원소 방사능 강도에 비해 각 수명의 비율만큼 커진다. 즉, 이 방법은 방사능을 없애는 것이 아니라, 방사능의 강도를 증가시킴으로써 보다 짧은 시간에 방사능을 감쇠시키는 것을 목표로 한다. 역설적인 방법으로 생각될지도 모르지만, 이 방법이 가장 실현 가능성이 높은 방사능 처리방법이다.

원자로의 사용이 끝난 핵연료를 처리할 때에 나오는 고준위 방사성 폐기물에는 여러 가지 방사성 물질이 포함되어 있다. 그 중에서도 알파선을 방출하는 방사성 동위원소는 수명이 길어서, 안전을 위해 장기간 주의해서 보관할 필요가 있다. 그래서 그러한 수명이 긴 방사성 폐기물을 수명이 짧은 방사성 폐기물로 바꿔서 단기간에 처분할 수 있도록 하는

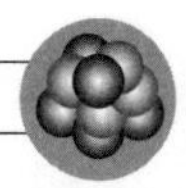

방법이 연구되고 있다.

그 방법으로서 예전부터 원자로 안에서 핵분열시키는 방법이 연구되어 왔다. 여기에 사용하는 '소멸로'도 설계되어 있지만, 아직 실용화 단계에는 이르지 못하고 있다. 또한 입자 가속기 기술이 발전함에 따라, 가속기의 빔을 방사성 물질에 조사시켜 핵반응을 일으키는 방법도 연구가 진행되고 있다. 그리고 양쪽을 조합시킨 가속기 구동 원자로를 이용하는 방법도 검토되고 있다.

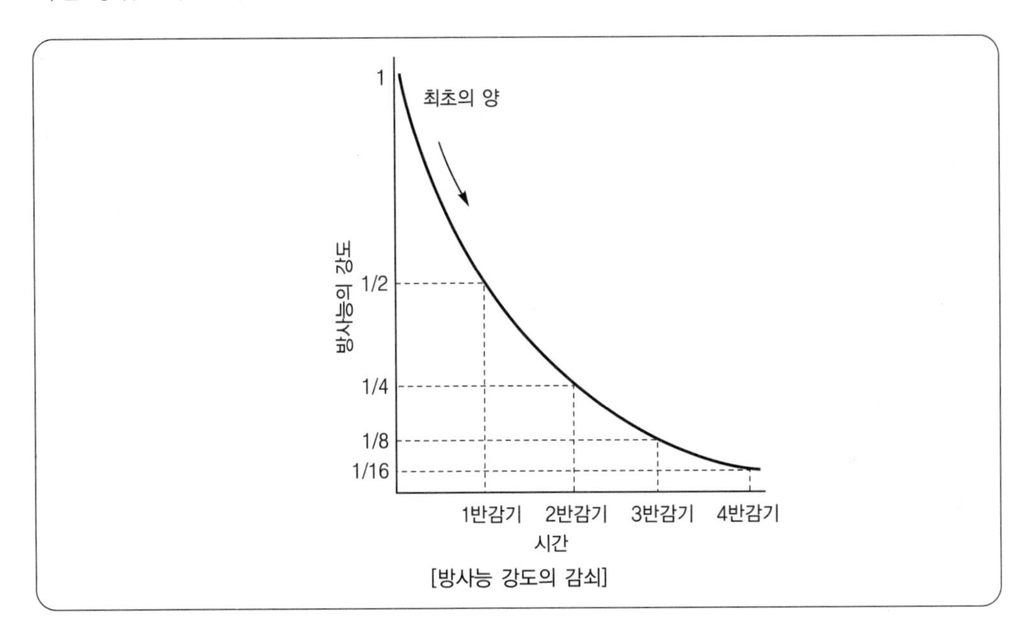

[방사능 강도의 감쇠]

3-8 방사능에는 어떤 성질이 있는가?

A

먼저 '방사능의 강도'에 관한 성질에 대해서 설명한다.

방사성 동위원소의 어느 특정 원자에 주목해 보기로 하자. 방사성 동위원소는 그 종류마다 고유의 평균수명을 갖고 있으므로, 이 특정한 원자의 원자핵도 결국 정해진 형태의 붕괴를 일으키게 된다. 그러나 평균수명보다 길게 사는 사람도 있고, 빨리 죽는 사람도 있어, 특정 개인의 수명이 몇 년인지 예측할 수 없듯이 그 원자핵이 언제 붕괴할지 예측하는 것은 불가능하다.

우리가 알 수 있는 것은 같은 종류의 방사성 동위원소가 많이 있을 때, 일정시간이 경과하면 전체의 몇 퍼센트 정도가 붕괴할지 예측하는 통계적인 것에 지나지 않는다. 그것이 가능한 것은 특정 종류의 방사성 동위원소 집단의 원자 수가 일정 시간마다 그 방사성 동위원소 고유의 일정한 비율로 줄어들기 때문이다. 이 비율은 방사성 동위원소의 원자핵 성질만으로 결정되므로, 온도나 압력 등 원자핵 외부의 조건에 좌우되지 않는다. 또한 사람의 힘으로 빠르게 할 수도 없고 지연시킬 수도 없다.

특정 방사성 동위원소 집단의 정확히 절반이 붕괴를 일으키는 데 걸리는 평균시간을 '반감기'라 한다. 반감기를 알면, 방사성 동위원소의 양이 어떻게 줄어드는지 알 수 있다. 반감기가 경과할 때마다 처음에 있었던 방사성 동위원소의 양이 2분 1, 4분의 1, 8분의 1, 16분의 1…로 계속 줄어들어 반감기의 10배의 시간이 지나면 약 천분의 1이 되고, 20배의 시간이 지나면 약 100만분의 1이 된다(73 페이지 그림 참조).

그러나 A라는 방사성 동위원소가 붕괴한 결과 만들어진 것이 B라는 방사성 동위원소이고, 그것이 다시 붕괴해서 C라는 안정된 동위원소가 되는 경우, B의 반감기가 A의 반감

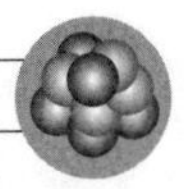

기보다 짧다해도 A의 붕괴에 의해 B가 계속 만들어지기 때문에 방사성 동위원소 B의 수는 A의 반감기에 따라서 감소하지 않는다.

다음에는 '방사성 동위원소'의 성질에 대해서 설명한다.

방사성이 있는 원자와 방사성이 없는 원자는 원자핵이 머지않아 붕괴할 불안정함을 가지고 있는가 없는가의 차이가 있을뿐, 같은 수의 궤도전자를 갖고 있기 때문에 원소로서의 화학적 성질에는 차이가 없다. 그 때문에 화학적인 방법으로 이 둘을 판별하거나 분리할 수는 없다.

화학적 방법으로 구별 불가능한 이 성질은 중요하다. 왜냐하면 방사성이 있는 원자는 방사성이 없는 원자와 마찬가지로 똑같이 화합물을 만들고, 반응하기 때문이다. 방사성이 있는 원자를 포함한다고 해서 특별히 반응하기 쉽다든가 어렵다든가, 결속력이 강하다든가 약하다든가 하는 차이는 없다. 양자의 차이가 나타나는 경우는 원자핵의 극히 작은 무게 차이가 영향을 미칠 때로, 예를 들면 용액 속에서 확산하는 속도 등, 화학적 성질이 아닌 물리적 성질이 관계하는 현상의 경우이다.

이 화학적 성질이 같다는 점을 이용해서, 방사성 있는 원자가 결합한 화합물을 미량 섞은 다음, 방출되는 방사선을 표적으로 물질의 이동을 추적하는 것이 방사성 트레이서(tracer)이다. 방사성 트레이서는 연구 분야뿐만 아니라 의료에도 이용되고 있다.

3-9 방사능의 양을 나타내는 베크렐은 무엇인가?

A

최근 베크렐(becquerel)이라는 단위를 보거나 들어본 사람이 많을 것이라 생각된다. 베크렐은 방사능의 강도(activity)를 나타내는 단위로, "매초 몇 개의 붕괴가 일어나는가?"를 표시하는 양이다. 이 양이 "매초 몇 개의 방사선을 방출하는가?"를 나타내는 것이 아니라는 점에 주의할 필요가 있다. 왜냐하면 하나의 붕괴에서 방출되는 방사선의 수는 반드시 한 개가 아니기 때문이다.

예를 들면 감마선의 선원으로 널리 이용되어 온 코발트(^{60}Co)은 베타 붕괴해서 1개의 베타선을 방출하면 니켈(^{60}Ni)의 여기 상태가 된다. 그리고 그것이 안정된 에너지 상태로 변하는 사이에 2개의 감마선 광자(光子)를 방출한다. 우리가 코발트(^{60}Co)의 감마선이라 부르고 있는 것은 바로 이 2개의 감마선인 것이다.

즉, 코발트(^{60}Co)은 한 번 붕괴할 때마다 3개의 방사선 입자를 방출하는 셈이다. 사실은, 베타 붕괴를 할 때 또 하나의 중성미자(뉴트리노; neutrino)라는 방사선 입자도 방출한다. 하지만, 중성미자는 물질과 작용하기가 극히 어렵고, 그대로 우주 저편으로 날아가 버리기 때문에 보통은 방출되는 방사선 입자에 포함해서 생각하지 않는다.

또한 베크렐 단위로 나타낸 방사능의 강도는, 방사성 동위원소의 양(원자의 수나 질량 등)을 나타내는 것도 아니다. 방사성 동위원소의 양에 비례는 하고 있지만…. 왜냐하면, 같은 수의 방사성 동위원소라 하더라도 반감기가 짧은 것일수록 단위시간에 일어나는 붕괴의 수가 많기 때문이다.

즉, 반감기가 절반의 길이가 되면 절반이 된 원자 수의 방사성 동위원소에서 매초 같은 횟수의 붕괴를 일으킨다. 같은 베크렐 수의 방사능 강도가 되기 때문이다. 그러므로 반감

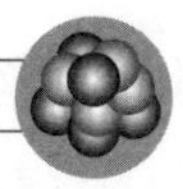

기가 약 13억년인 칼륨(^{40}K)은 1킬로 베크렐의 방사능 강도를 갖는데 6천경 개(1조 개의 6천만 배)의 원자가 필요하며, 약 4mg의 무게가 된다. 하지만, 반감기가 약 8일인 방사성 요오드(^{131}I)은 약 10억 개(약 10조분의 2그램)에 지나지 않는다.

게다가, 베크렐 단위로 나타낸 방사능의 강도는 그 방사성 물질이 얼마나 위험한지를 나타내는 것도 아니다. 왜냐하면 베크렐 단위로 나타낸 방사능의 강도는 방출된 방사선의 작용 강도와는 관계가 없기 때문이다.

예를 들어 캐나다는 세계 최대의 트리튬(^{3}H)의 제조국이다. 제조된 트리튬은 수소흡장합금(Hydrogen absorbingalloy)을 넣은 가스 봄베 안에 저장되는데, 봄베 하나에 들어있는 트리튬(^{3}H)의 방사능 강도는 약 20PBq(2경 베크렐)이다. 그런데, 그 봄베를 직접 손으로 만져서 20PBq의 트리튬 붕괴열로 약간 따뜻한 것을 아주 안전하게 확인할 수 있다. 왜냐하면 트리튬(^{3}H)이 내는 낮은 에너지의 베타선은 매우 투과성이 약해 봄베의 금속을 통과할 수 없기 때문이다.

그렇기는 하지만, 대략 10GBq을 넘는 방사성 물질을 취급할 때는 신중해야 한다. 10 MBq 이하라면 벌벌 떨 필요는 없지만 말이다.

3-10 천연 방사능과 인공 방사능은 어떻게 다른가?

A

천연 방사능은 무해(또는 인체에 좋음)하고, 인공 방사능은 유해하다고 주장하는 사람이 있다. 아무래도 그 주장의 이면에는 라돈(또는 라듐) 온천의 효능과, 원폭 희생자에 대한 이미지가 있는 것 같다.

앙케이트식 의식조사를 해보면, 천연 방사성 물질인 라듐은 퀴리 부인이나 암의 치료를 연상해서인지 긍정적인 이미지가 있고 인공 방사능은 원폭이나 죽음의 재 혹은 방사능 오염과 같은 부정적인 이미지를 연상하는 사람이 많다. 이 차이는 어쩌면 우리가 어렸을 때 읽은 책(예를 들면, 퀴리 부인의 전기는 비교적 잘 읽지만, 원폭 피해는 언제나 사회 교과서에만 나온다)이 영향을 주었을지 모른다.

아무튼 자연현상의 하나인 방사능을 그것이 천연인가 인공인가에 따라 좋고 싫음이 있거나 선악으로 가르는 등의 행위는 이상한 일이다.

우선 트리튬(^3H) 등 몇 가지 방사성 물질은 천연에도 존재하지만, 인공적으로도 만들 수 있다. 방사성 물질의 유해·무해는 그 방사성 물질이 방출하는 방사선의 종류와 양에 의해 결정된다. 하지만 천연 방사성 물질이 방출하는 방사선이든 인공 방사성 물질에서 방출되는 방사선이든, 방사선 입자의 종류와 에너지가 같다면 같은 작용을 하는 성질이 있다. 그리고 천연 방사성 물질이 무해한 작용을 하는 방사선만을 방출한다고 기대하는 것은 전혀 합리적이지 못하다.

나카고시오키(中越沖) 지진 때 원자력 발전소에서 나온 미량의 방사성 물질을 포함한 물은 방사능 농도가 불과 라듐 온천의 10분의 1이었는데도 큰 뉴스거리가 되었다. 그 반면 모더나이트(mordenite) 등 천연 방사성 물질을 이용한, 고가의 건강기구나 화장품을

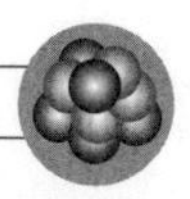

구입하는 사람들이 있다.

그러한 상품 중에는 가이거 카운터가 상당한 반응을 보이는 것도 적지 않다. 그것은 건강에 영향을 줄 정도의 방사선 양은 아니지만, 최근 노인성 백내장의 역치선량(인체에 반응을 일으키는 최소한도의 자극의 세기를 나타내는 수치)이 낮은 것으로 알려졌으므로([Q6-1] [표 2] 참조) 피로를 회복한다며 장시간 눈에 계속 대는 등의 사용법은 생각해 볼 일이다. 어쩌면, 천연 방사성 물질과 인공 방사성 물질에 관한 이러한 이상한 구분이 왜곡된 자연애호주의의 결과인지도 모른다.

3-11 방사능 오염을 없앨 수 있는가?

A

세상에는 방사능에 오염되는 것을 위험한 전염병에 감염되는 것처럼 두려워하는 사람들이 있다. 그리고 방사능에 오염되면 그 오염을 다시 제거할 수 없다고 믿는 사람들도 있다. 결코 적지 않은 사람들이 그러한 의식을 가지고 있는 것은 방사능에 "오염된다."는 말의 뉘앙스가 사람들의 마음 깊은 곳에 감춰진 '부정(不淨)'이라는 감정과 연관이 있기 때문일지도 모른다.

방사능(방사성 물질)에 의한 오염이라면 무언가 특별한 재앙이라고 느끼는 사람이 적지 않은 것 같다. 그러나 방사성 시약을 사용하는 실험실이나, 방사성 의약품을 이용하는 의료시설에서는 시약이나 검사약 몇 방울로 설비나 기구를 오염시키는 일은 드물지 않게 발생한다. 그러한 오염은 휴지에 흡수시켜 깨끗이 닦을 수 있다. 방울이 날아가는 것을 늦게 알아차려서 오염이 말라버린 경우에도, 물티슈나 기름 닦는 수건으로 닦으면 깨끗이 지워진다. 방사능 오염을 제거하는 일이라 해서 무언가 특수한 설비나 기술을 요하는 것은 아니다.

방사능으로 오염된다는 것은 방사성 물질이 부착되거나 섞이는 것을 의미한다. 방사성 물질은 그 화학적인 성질에 따라서 물질의 표면에 부착되기도 하고 물이나 공기와 섞인다. 그러한 물질의 화학적 성질은 그 물질이 방사성 동위원소인가 아닌가에 따라 달라지지 않는다. 그러므로 방사성 물질에 의한 오염을 제거하려면 방사성이 없는 동위원소로 이루어진 같은 화합물의 화학적 성질을 이용하면 된다.

물질의 표면에 부착된 오염의 대부분은 수용성이다. 그러므로 그러한 방사능 오염은 단순히 물로 씻기만 해도 해결할 수 있다. 물질의 표면이 그 오염물질에 대해 친화성을 가져서 단순히 물로 씻는 것으로 충분히 분리되지 않을 때에도, 오염물질의 화학적 성질에 따

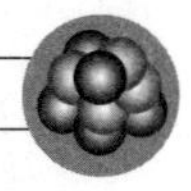

라 세제나 약산성이나 알칼리성 용액으로 세정하는 등, 화학 지식을 적절히 응용하면 오염을 제거할 수 있다.

표면이 방사성 물질로 오염된 것을 취급할 때 오염이 옮길까 걱정하는 사람도 적지 않다. 후쿠시마(福島) 제1 원자력 발전소의 사고로 피난해 온 환자들의 접수를 거절한 병원이나, 오염 검사 결과를 여권처럼 제시하게 한 지자체의 이야기를 들으면, 이러한 오해가 얼마나 뿌리 깊은지 알 수 있다.

그러나 물체의 표면에 부착된 미세한 먼지를 마른 걸레질로 제거하기 어렵다는 것은 평상시 청소할 때도 많이 경험하는 일이다. 표면에 일단 부착한 방사성 물질이 재차 표면에서 떨어져 나와서 접촉한 물건의 표면에 부착되거나 공중으로 날아가는 비율은 사람들이 상상하는 것보다 훨씬 적다.

방사성 물질에 의한 물의 오염도 침전시키거나 여과나 흡착을 시키거나 이온 교환수지 또는 역침투막을 사용하는 등 다양한 제거방법이 있다. 단, 방사성 물질로 오염된 물의 '용액'으로서의 농도는 화학실험에서 사용하는 용액에 비하면 비교할 수 없을 정도로 옅은 경우가 많으므로 침전시키려고 약품을 반응시켜도 충분한 입자의 응집이 일어나지 않는다. 따라서 일부러 방사성이 없는, 같은 화학 물질을 추가하고 나서 침전반응을 유도하는 등의 방법이 필요하다.

칼럼 공기 중의 방사선량

후쿠시마(福島) 제1 원전 폭발 사고로부터 2개월이 지난 2011년 5월, 초여름인데도 후쿠시마에 있는 학교에서는 창문을 닫고 수업을 했다고 한다. 계획적 피난구역을 방문했을 때, 사람들로부터 세탁물이나 이불을 밖에 널지 못해서 불편하다는 이야기를 들었다. 역시 방사능이 들어오지 않도록 문이나 창문 등을 닫아놓고 살고 있는 것이었다.

이들 이야기는 모두 높은 방사선 양이 측정되고 있는 지역의 일이다. 그 방사선은 3월에 후쿠시마 제1 원자력 발전소에서 대방출되어 지면과 잔디밭, 침엽수 잎과 지붕 등에 내려 쌓인 방사성 세슘의 감마선에 의한 것이다. 즉, 그곳에 부착된 방사성 세슘은 감마선이라는 빛을 발하는데, 그 빛을 어느 정도 받고 있는가를 나타내는 것이 신문 등에 발표되고 있는 방사선의 양인 것이다. 원자력 발전소의 방사성 물질 분출이 3월 이후에는 없었기 때문에 결코 방사성 세슘이 이 지역의 공중을 떠돌고 있는 것은 아니다. 그리고 방사성 세슘의 감마선은 그 강도를 10분의 1로 약화시키기 위해서는 2.5 센티미터 두께의 납 차폐가 필요하기 때문에 문이나 창문을 닫아도 감마선을 막을 수는 없다.

왜 이러한 오해가 일어났는지 필자는 이해할 수 없었다. 하지만, 얼마 전에 어느 신문에서 "각지에서 관측된 대기 중의 방사선량"이라는 제목이 붙은 지도를 보고 알게 되었다. 대기 중의 방사선량이라는 표현은 방사선 측정을 직업으로 하는 사람들이 관용적으로 사용하는 문구로, 물체의 표면에서 충분히 떨어진 장소(공중)에서 측정한 방사선의 양을 의미하는 공기 중의 방사선량을 말한다고 생각된다. 그러한 의미에서 선량 맵의 제목은 거의 바른 표현이지만, 업계에 속하지 않은 사람이 보면 공기 중에 떠돌고 있는 방사능이 방출하는 방사선을 떠올릴지도 모르겠다.

4장

자연으로부터 받는 방사선이란?

4-1 우주선이란 어떤 것인가?

A

우주에서 지구로 쏟아지는 각종 입자와 방사선을 총칭해서 우주선(宇宙線)이라고 부르고 있다. 우주선의 대부분은 양성자나 헬륨 원자핵(알파 입자)과 같은 하전입자인데, 매우 무거운 원소의 원자핵도 포함된다. 지구에 도달하는 우주선은 크게 나누어 태양에서 오는 것과 태양계 밖에서 오는 것으로 구분된다.

이 우주로부터 오는 우주선을 1차 우주선이라 한다. 지구로 날아오는 우주선 중 비교적 에너지가 약한 성분은 대부분 지구 자기의 자장에 끌리게 되지만, 고에너지의 성분은 대기권에 돌입하여 질소나 산소 원자와 충돌한다.

1차 우주선은 충돌한 원자핵을 부숴 여러 가지 고속입자를 흩뿌린다. 그 입자들은 원자핵 파편 외에 중성자나 원자핵의 안에서 양성자와 중성자를 결합시키는 일을 하고 있는 파이 중간자 등으로 구성된다. 전하를 가진 파이(π)중간자는 더 미세한 뮤(μ) 입자(뮤온)와 중성미자로 분해된다.

전하가 없는 파이 입자는 2개의 고에너지 광자로 분해되고, 그 광자가 대기의 원자와 반응해서 전자와 양전자 쌍을 만든다. 그 전자와 양전자가 또다시 원자와 반응해서 광자를 만들어낸다…, 라는 식으로 기하 급수적으로 수를 늘리면서 지표를 향해서 전파해 간다(전자 캐스케이드). 1차 우주선과 대기의 충돌로 발생하는 이 고속입자의 전파(우주선 샤워)를 2차 우주선이라 한다.

2차 우주선의 성분은 고도에 따라 변화한다. 지표에 가장 많은 성분은 뮤 입자이다. 지표에 도달하는 뮤 입자는 매우 투과성이 강해서 지하 수 백 미터까지 침입한다. 최근에는 그 투과성을 이용해서 화산 내부를 관측하는 연구도 진행되고 있다. 지표에서 다음으로

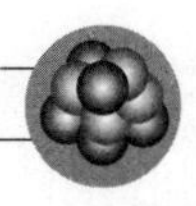

많은 것이 전자 성분(전자와 감마선)이다. 고도와 함께 중성자 성분이 증가하여 국제항공로의 고도에서는 중성자에 의한 유효선량이 가장 많아진다.

1차 우주선은 지구 자기의 영향을 받으면서 지구에 도달하기 때문에 자력선을 정면으로 가로지르지 않으면 안 되는 저위도 지방보다도 극지방에 많이 도달한다. 그 때문에 2차 우주선의 양도 위도가 높아질수록(정확히는 지구 자기의 극에 가까울수록) 많아진다.

우주선은 투과성이 강하므로 이것을 피하려면 지하 깊숙이 들어가야 한다. 카미오카(神岡)에 있는 뉴트리노 관측시설을 지하 1천 미터 지점에 만든 것은, 우주선의 영향을 피하기 위함이다. 그러한 이유에서 지표에 사는 우리들은 우주선에 노출되는 것을 피할 수는 없다.

그리고 대기는 10미터 수심에 상당하는 방사선 차폐능력이 있기 때문에 공기가 희박한 고공으로 가면, 그만큼 많은 우주선에 노출된다. 더구나 대기의 차폐권역 밖으로 나간다면, 직접 1차 우주선에 노출되는 것이나 다름없다. 그러나 지상의 천배 정도의 우주선에 노출되는 것은 거대한 폭발물에 올라타고 대기권 밖으로 날아가는 우주비행사가 직면하는 위험의 극히 일부에 지나지 않을 것이다.

4-2 우주선이 방사능을 만드는 경우가 있는가?

A

1차 우주선이 지구의 대기와 충돌하여 질소나 산소의 원자핵을 파괴한다. 이때 만들어진 파편 중에 양성자 1개와 중성자 2개로 이루어진 파편이 있다. 바로 수소의 방사성 동위원소 트리튬(^3H)의 원자핵이다. 대기권 상층부에서 만들어진 트리튬은 서서히 대기권 아래쪽으로 확산하는 동안 산소와 결합해서 물 분자가 되며(트리튬수(水)의 수증기), 결국 비와 섞여서 지표면에 쏟아진다.

빗물이 그대로 흘러간 하천의 물에는 1리터당 약 0.4베크렐의 트리튬(^3H)이 포함되어 있다. 트리튬(^3H)의 반감기는 약 12년이기 때문에, 빗물이 침투하는 데 시간이 걸리는 깊은 지하수나, 예전에 내린 비로 옅어진 바닷물에는 더욱 옅은 농도의 트리튬(^3H) 밖에 포함되어 있지 않다. 지구에 있는 트리튬(^3H)의 양은 전부 4EBq(1조 베크렐의 400만 배)보다 조금 적을 것으로 추정되고 있다.

이 방사능 강도의 트리튬이 거의 일정하게 지구에 있다는 것은 매초 400경 개(京個 : 약 7GBq)에 가까운 트리튬(^3H)이 우주선에 의해 만들어지고 있다는 의미가 된다. 달리 표현하자면 우주선은 일본에서 1년간 사용되는 트리튬(^3H) 전부에 상당하는 양을 불과 1분만에 만들어 버리는 셈이다.

1차 우주선이 질소나 산소의 원자핵을 파괴할 때에 발생하는 중성자는 다시 질소나 산소의 원자핵과 반응해서 다수의 중성자를 발생시킨다. 그 중성자들 중에 속도가 느려진 것이 질소의 원자핵에 충돌해서 양성자와 교체 반응을 하면, 방사성의 탄소(C^{14})가 생성된다. 방사성 탄소는 산소와 결합해서 탄산가스의 형태로 대기 중에 확산되고, 이윽고 광합성을 통해서 식물에 축적된다. 그리고 동시에 하천이나 호수의 물이나 해수에 녹아서 탄

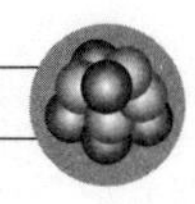

산염의 형태로 고정된다. 생물체를 구성하는 탄소 1kg에는 약 230베크렐의 방사성 탄소가 포함되어 있다.

트리튬(^{3}H)과 방사성 탄소 이외에도 1차 우주선이 질소나 산소원자를 깨뜨릴 때나, 우주를 떠도는 먼지의 원자핵을 파괴할 때 발생하는 방사성 베릴륨(^{10}Be) 등, 몇 종류의 우주선이 만들어낸 방사성 동위원소를 지상의 환경 측정으로 발견할 수 있다.

이러한 우주선이 만들어내는 방사성 동위원소는 지구가 만들어지기 전부터 존재해 오던 우라늄이나 방사성 칼륨과는 달리 지질연대에 비해 훨씬 짧은 반감기를 가지고 있다. 그러나 끊임없이 지구에 내려오는 우주선이 계속 만들고 있기 때문에 거의 일정량이 유지되고 있다.

식물이 말라서 광합성이 불가능해지면, 마른 식물 안에 포함된 방사성 탄소는 약 5700년의 반감기로 감소해간다.

그러므로 오래된 목재에 포함된 방사성 탄소의 농도(탄소 1kg당 방사성 탄소의 방사능 강도)를 측정하면 그 목재가 벌채된 대강의 시기를 알 수 있다. 이것을 방사선 탄소 연대 측정법이라 하며, 고고학의 조사 등에 이용되고 있다.

4-3 보통의 흙이나 암석에도 방사능이 있는가?

A

지구의 지각에는, 지구의 재료가 초신성(超新星)이 폭발로 만들어졌을 때 발생한 우라늄이나 토륨 및 방사성 칼륨(^{40}K) 처럼, 매우 긴 반감기를 가진 방사성 물질이 포함되어 있다. 우라늄이나 토륨과 같은 무거운 원소 농도는, 암석의 종류에 따라 지역차가 있지만, 세계 평균으로 보면 우라늄은 바위나 흙 1톤당 3~5그램, 토륨은 2그램 정도가 포함되어 있다. 의외라고 생각될지도 모르겠지만, 우라늄이나 토륨은 금(암석이나 흙 1톤당 평균 약 300밀리그램)보다 지구에서는 더 흔하게 존재하는 원소이다.

우라늄이나 토륨, 방사성 칼륨 이외에도 한데 모여서 지구를 형성한 우주 먼지에 포함되어 있던, 반감기가 긴 방사성 물질이-이 3종류에 비해서 양은 훨씬 적지만-몇 종류 존재한다. 예를 들면 사마륨은 고성능 자석에 사용하는 원소로 최근 자원문제로 주목받고 있는 희토류 원소의 하나이다. 그런데, 그 15%는 반감기가 백억 년이나 되는 방사성 사마륨 (^{147}Sm)이다.

우라늄이나 토륨은 그 자체가 방사선을 낼 뿐만 아니라 그들이 붕괴해서 만들어진 원자핵도 방사성을 가지고 있으며, 안정된 납에 도달하기까지 긴 방사성 동위원소의 계열을 형성하고 있다.

이 계열의 중간에 있는 방사성 동위원소는 모두 우라늄이나 토륨에 비해 훨씬 짧은 반감기를 가지고 있지만, 우라늄이나 토륨의 붕괴로 계속해서 만들어지기 때문에 없어지는 일은 없다. 이러한 중간에 있는 방사성 동위원소 중 이름이 잘 알려져 있는 것은 라듐과 라돈이다.

퀴리 부부가 처음으로 분리에 성공한 라듐은 반감기가 1600년이나 되는 강한 방사선원

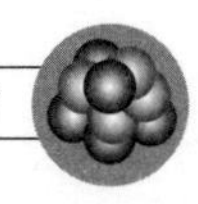

으로서, 코발트(^{60}Co) 등을 인공적으로 만들 수 있게 되기까지 가장 폭넓게 사용된 방사선원이었다. 라듐은 칼슘과 화학적 성질이 비슷하기 때문에 석고를 제조하는 공정에서 칼슘과 함께 제품 속에 농축되는 성질이 있다. 그 때문에 시멘트나 석고에는 자연계보다도 많은 라듐이 함유되어 있는 것이 있다.

라듐이 알파 붕괴를 하면 라돈이 된다. 라돈은 방사성 가스로 암석이나 콘크리트의 건축재료로부터 공기 중에 방출된다. 라돈을 흡입하면 폐 안에서 알파선을 내기 때문에 석조건물이 많고 창을 닫는 일이 많은 북유럽에서는 실내의 라돈 농도가 너무 높아지지 않도록 경계하는 움직임도 있다.

4-4 우리는 자연으로부터 어느 정도의 방사능을 받고 있는가?

A

지금까지, 우리 주변의 자연환경에는 여러 가지 방사선과 방사성 물질이 있음을 설명하였다. 방사선에는 우주선(2차 우주선)과 지각의 성분에 포함된 방사성 물질이 내는 방사선이 있다. 그리고 방사성 물질에는 우주선의 작용으로 매일 만들어지는 것과, 지각에 포함된 방사성 동위원소와 그 붕괴로 계속해서 만들어지고 있는 방사성 동위원소가 있다.

[Q4-1]에서 설명했듯이 지상에 도달하는 2차 우주선(1차 우주선은 거의 지상에 도달하지 않는다)의 대부분은 뮤(μ) 입자(뮤온)라는, 투과성이 강한 고에너지의 하전입자이다. 지표면에 도달하는 우주선의 양은 위도에 따라 변화하는데, 중위도 지방에 사는 사람이 받는 평균 유효선량은 1년에 대략 0.4밀리시버트이다(그 중 약 0.3밀리시버트가 뮤 입자에 의한 것). 우주선의 유효선량률은 대기의 차폐가 떨어지는 고공으로 갈수록 커지며, 국제선이 나는 고도 1만 미터 부근에서는 1시간에 4~8마이크로시버트가 된다. 그러므로 미국이나 유럽을 왕복하면, 비행기 안에서 150~200마이크로시버트의 우주선을 받게 된다.

우리는 우주선이 만들어내는 트리튬(^{3}H)과 방사성 탄소를, 마시는 물과 음식물 형태로 항시 섭취하고 있다. 그 방사능의 강도는 트리튬이 평균 1년에 약 500베크렐, 방사성 탄소(^{14}C)가 평균 1년에 약 20킬로베크렐이 된다. 우리는 트리튬(^{3}H)과 탄소(^{14}C)의 베타선에서 1년에 약 10마이크로시버트의 유효선량을 받는 셈이다. 흙이나 돌에 포함된 우라늄과 토륨의 농도는 지역에 따라 백배 이상 차이가 있다.

세계 평균으로 보면 흙이나 돌, 건축재 등에 포함된 우라늄과 토륨 및 그 붕괴로 만들어진 방사성 물질과, 방사성 칼륨에서 나오는 감마선은 1년간 약 0.5밀리시버트의 유효선량을 기록한다. 칼륨은 생명활동에 없어서는 안 되는 필수 원소로 성인의 체내에서는 약 4

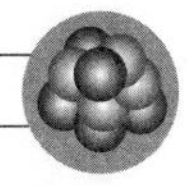

킬로베크렐의 방사성 칼륨이 있으며, 우리는 방사성 칼륨이 체내에서 방출하는 베타선과 감마선으로부터 1년에 약 0.2밀리시버트의 유효선량을 받는다.

우라늄과 그 붕괴로 생긴 방사성 동위원소도 미량의 불순물로서 음식물과 함께 섭취되는데, 1년에 세계 평균 약 0.1밀리시버트의 유효선량을 초래한다. 이들 자연방사선에서 받는 유효선량은 세계 평균 1년에 약 1밀리시버트이다. 물론 지구상에는 그 10배 이상에 달하는 곳도 여러 군데 있다. 그러나 그러한 곳에 세대를 이어 계속 살고 있는 사람들에게 특히 높은 암 발생률은 보이지 않고 있다. 방사성 가스인 라돈은, 폐를 직접 알파선으로 조사해서 큰 유효선량을 초래한다는 우려를 낳고 있다. 하지만 공기 중의 라돈 농도는 건물의 재질이나 환기에 의해 크게 좌우된다. 자연에서 온 것은 아니지만 우리의 환경에는 과거의 대기권 내 핵실험 등으로 방출된 방사능도 존재한다(그림).

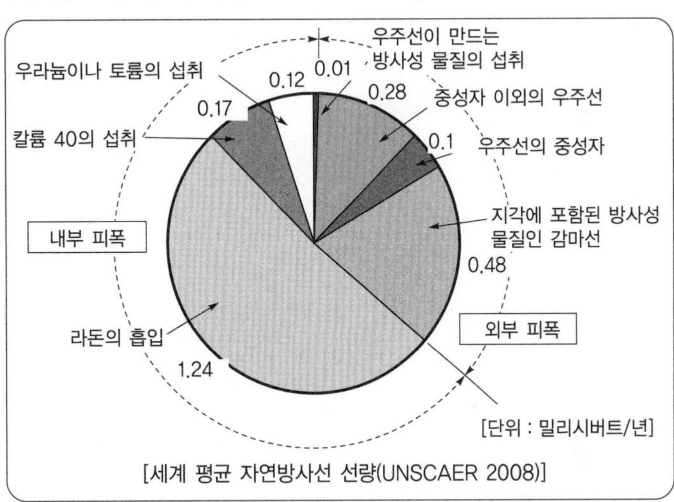

[세계 평균 자연방사선 선량(UNSCAER 2008)]

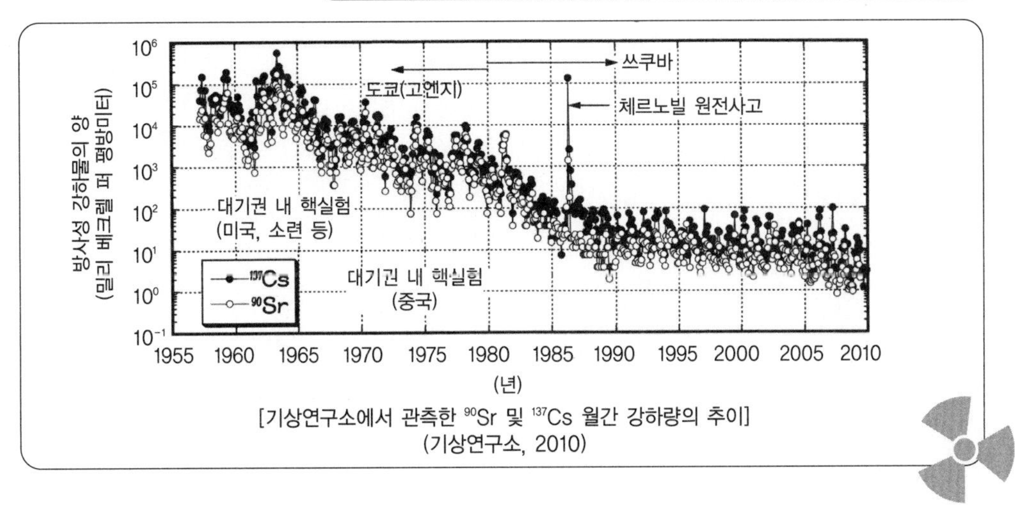

[기상연구소에서 관측한 ^{90}Sr 및 ^{137}Cs 월간 강하량의 추이]
(기상연구소, 2010)

5장

원자력에 대한 의문

5-1 핵분열로 어떤 일이 일어나는가?

A

중성자는 전하를 띠지 않는 입자이므로 플러스의 전하로부터 반발력을 받는 일 없이 원자핵에 접근할 수 있다. 그래서 별로 속도가 빠르지 않은 중성자를 원자핵에 집어넣어 중성자 수가 하나 더 많은 동위원소를 만들 수 있는 것이다. 그리고 안정된 원자핵에 비해 중성자 수가 많은 원자핵은 베타 붕괴해서 원자번호가 하나 큰 원소가 될 가능성이 있다. 독일의 화학자이며, 물리학자인 오토 한(Otto Hahn)은 1938년에 우라늄에 중성자를 쪼여서 자연계에는 존재하지 않는 93번째의 원소를 만들어내려고 시도하다 예상과는 달리 우라늄보다 훨씬 원자번호가 작은 것이 생성되고 있는 것을 알아냈다. 이것이 핵분열의 발견이었다.

핵분열이 일어나는 것은 원자핵을 구성하는 입자(양성자와 중성자) 1개당 결합 에너지가, 원자번호 26인 철 부근을 피크로 입자의 수가 많아질수록 작아지는 성질이 있으므로 입자 수가 매우 많은 원자핵은 1개로 있는 것보다 2개로 나눠지는 쪽이 더 안정적이기 때문이다.

물론 우라늄과 같이 무거운 원자핵은 가벼운 원자핵에 비해 양성자에 대한 중성자의 수가 많기 때문에 정확히 2개로 나누려고 하면 보다 많은 중성자를 방출해야만 한다. 또한 중성자의 결합을 풀기 위해서 여분의 에너지가 필요하기 때문에 질량수가 85~105인 파편과 130~150인 파편으로 크기가 불균등하게 나눠지기 쉽다(95 페이지 그림 참조).

핵분열로는 원자핵이 마구 찢기기 때문에 분열로 생긴 파편 모두 안정된 원자핵이라 할 수는 없다. 그런 불안정한 원자핵 중 브롬(^{87}Br)이나 요오드(^{137}I) 등, 수십 초의 반감기로 매우 높은 에너지 상태인 원자핵으로 베타 붕괴하는 것은 원자로를 안전하게 운전하는 데에 매우 중요하다.

왜냐하면 그러한 매우 높은 여기 상태의 원자핵으로부터는, 중성자가 방출되기 때문이다. 그들 중성자는 브롬(^{87}Br)이나 요오드(^{137}I) 등의 반감기에 따라 핵분열보다 늦게 방출되기 때문에 핵분열의 연쇄반응을 제어하기 위한 시간적인 여유를 만들어 낸다.

핵분열 파편 중에는 요오드(^{135}I)와 같은 원자핵도 있다. 요오드(^{135}I)는 반감기 6시간 반 정도로 베타 붕괴하여 중성자를 매우 잘 흡수하는 제논(^{135}Xe)가 된다. 제논(^{135}Xe)는 원자로가 운전 중이라면 대량의 핵분열 중성자를 흡수해서 제논(^{136}Xe)으로 바뀌지만, 원자로의 출력을 저하시키면 연료 안에 제논(^{135}Xe)가 쌓인다.

핵연료 안의 제논(^{135}Xe) 농도는 운전 정지 후 10시간 정도에서 최대가 되며, 이후에는 반감기 8시간으로 감소해 간다. 원자로를 다시 임계 상태로 할 때에는 원자로를 정지한 후의 시간에 따라 제논(^{135}Xe)가 중성자를 흡수하는 영향을 고려해 운전조작을 할 필요가 있다.

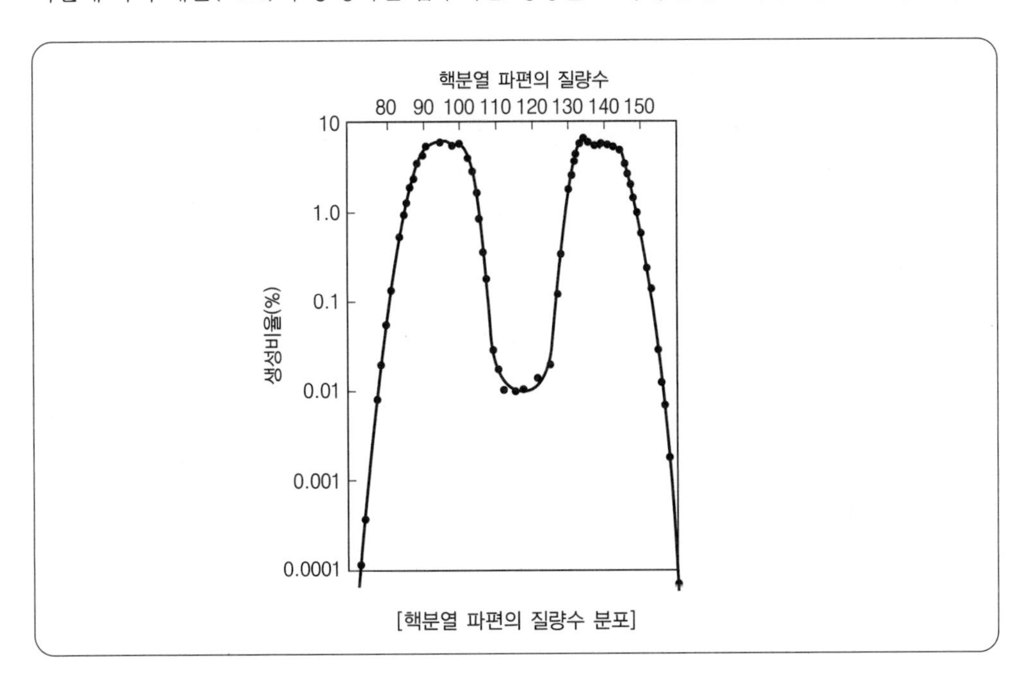

[핵분열 파편의 질량수 분포]

5-2 임계란 무엇인가?

A

우라늄(^{235}U)가 핵분열하면 여러 개의 중성자가 방출된다. 또한 앞에서 언급한 것처럼 핵분열 파편으로부터도 '지발중성자(遲發中性子)'가 방출된다. 이들 중성자가 걷게 될 운명에는 다음과 같은 네 가지 가능성이 있다.

(1) 어떤 반응도 일으키지 않고 외계로 날아간다.
(2) 핵분열을 하지 않은 우라늄(^{238}U)이나 핵분열 파편이나 수소 등의 원자핵에 흡수된다.
(3) 핵분열을 하는 우라늄(^{235}U)의 원자핵에 흡수되지만, 핵분열 이외의 반응을 일으킨다.
(4) 핵분열을 하는 우라늄(^{235}U)의 원자핵에 흡수되어, 다음의 핵분열을 일으킨다.

핵분열에 의해 방출된 중성자가 (4)와 같이 계속해서 핵분열을 일으켜 가는 과정을 연쇄반응이라고 한다. 핵분열에 의해서 증가한 중성자는 (1)~(3)의 과정에 의해서 감소하기 때문에 (4)의 과정에 의한 중성자 증가가 (1)~(3)의 과정에 의한 중성자 감소와 균형을 잘 이루면 핵분열은 일정 비율로 지속하게 된다. 이 상태를 임계(지발임계; 遲發臨界)라 한다.

지발임계 상태에서는 임계에 기여하는 중성자의 일부가 핵분열 파편의 베타 붕괴 후에 늦게 방출되기 때문에 상태의 변화가 느려서 중성자 모니터로 출력의 상태를 감시하면서 제어할 수 있다.

원자로의 출력을 제어하기 위해서는 중성자를 잘 흡수하는 물질로 만들어진 제어봉을 빼고 넣거나, 원자로의 중심을 흐르는 냉각수의 온도를 바꾸거나 냉각수 안에서 녹는 붕소 같은 중성자를 흡수하는 물질의 농도를 바꾸거나 하는데, 원자로의 타입에 따라 적당

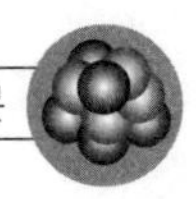

한 방법을 가려 쓴다.

냉각수의 온도로 원자로의 출력을 바꿀 수 있는 이유는 수소가 효율적으로 중성자를 감속하는 성질이 있기 때문이다.

우라늄(^{235}U)를 효율적으로 핵분열시키려면 느린 중성자가 필요하다. 그리고 연쇄반응을 계속시키기 위해서는 핵분열로 방출된 중성자를 감속시킬 필요가 있다. 원자력 발전에 이용되고 있는 경수로에서는 핵연료의 주위를 흐르는 냉각수가 그 역할을 하고 있다. 냉각수의 온도를 낮추면 물의 밀도가 증가해(따라서 수소의 양이 증가) 보다 효율적으로 중성자를 감속시킬 수 있기 때문에 원자로의 출력이 증가되고, 거꾸로 온도가 올라가면 출력이 내려간다.

경수로는 사람이 제어할 수 있을 뿐만 아니라 자연적으로 출력이 조정되는 성질도 있다. 양쪽 다 원자로 출력의 증감에 맞춰 원자로의 온도가 올라갔다 내려갔다 하는 것과 관련되어 있다. 하나는, 우라늄 연료의 95% 이상을 차지하는 핵분열을 하지 않는 우라늄(^{238}U) 중성자를 흡수하는 능률이 우라늄의 온도와 함께 커지는 것이다.

그 때문에 원자로의 출력이 상승하면, 중성자가 보다 많이 우라늄(^{238}U)에 흡수되어 다음 핵분열이 일어나기 어렵게 되어 원자로의 출력을 낮춘다. 또 다른 하나는 원자로의 출력이 올라가면 냉각수의 온도가 올라가고, 그 결과 중성자의 감속이 적어져 원자로의 출력이 내려간다고 하는 성질이다.

5-3 원자력 발전소는 왜 해변에 있는 것인가?

A

원자력 발전소는 원자로에서 발생하는 열로 수증기를 만들고, 그 수증기의 압력으로 터빈을 돌려서 전기를 일으키는 발전소이다. 화력발전소에서 화석 연료를 태우는 대신 원자력 발전소에서는 원자로의 열을 사용한다고 생각하면 이해하기 쉬울 것이다. 즉, 원자력 발전소든 화력발전소든 열 에너지를 전기로 바꾼다는 점은 같다.

그러나 우리는 결코 열 에너지의 100%를 이용할 수는 없다. 원자력 발전소나 화력발전소는 온도가 높은 부분(원자로나 보일러의 연소실)에서 온도가 낮은 부분을 향해 흐르는 열 에너지(구체적으로는 수증기의 압력)를 이용해 터빈을 돌린다. 만약 사용이 끝난 열 에너지를 외부로 방출하지 않으면 축적되는 열 때문에 온도차가 없어져서 열 에너지의 흐름이 멈추고, 터빈이 움직이지 않게 된다.

발전소에는 열을 식히기 위한 설비(증기를 식혀서 물로 되돌리는 '복수기(復水器)'가 필요하고, 그것을 계속해서 냉각시키지지 않으면 안 된다. 그래서 대량의 물을 쉽게 얻을 수 있는 바다 근처에 원자력 발전소나 화력발전소를 세우는 것이다. 물론 대량의 물을 이용할 수 있다면 바다가 아닌 큰 하천을 이용해도 좋지만, 하천의 수량은 기후의 변동을 받기 쉬우므로 결국 안정된 대량의 물을 바다에서 구할 수밖에 없는 것이다.

원자력 발전소와 화력발전소의 큰 차이점은 열원(熱源)의 온도 차이에 있다. 원자로의 온도는 화력발전소의 연소실에 비해 훨씬 낮다. 그 때문에 열 에너지의 흐름이 화력발전소보다 약하고 에너지의 이용효율이 낮다. 실제로 원자력 발전소에서는 원자로에서 발생한 열 에너지 중 약 3분의 1만 전기로 바꿀 수 있다. 즉, 일본에서 표준으로 되어 있는 110만 킬로와트의 원자력 발전소에서는 220만 킬로와트의 열을 버리지 않으면 안 되는 것이

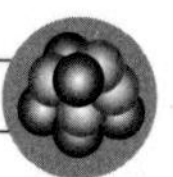

다. 발전용 원자로를 바다에서 해수를 대량으로 이용해서 냉각시키지 않으면 안 되는 이유를 이 숫자로도 알 수 있다.

원자력 발전소를 해변에 만드는 이유에는 냉각 외에 수송의 편리가 있다. 원자로를 건설하려면 압력용기 등 거대한 중량물을 운반하지 않으면 안 된다. 또한 핵연료나 사용이 끝난 연료를 수송하는 용기도 육상으로는 쉽게 수송할 수 없는 중량물이다. 원자력 발전소가 해변에 있으면, 중량물의 수송에 적합한 선박을 이용할 수 있게 된다.

[일본의 원자력 발전소 분포 지도]

5-4 원자로와 원자폭탄의 다른 점은?

A

원자폭탄은 핵분열로 방출되는 에너지를 파괴에 이용하기 위해 가능한 한 단시간에 대량의 핵분열을 일으키는 장치이다. 그 때문에 원자폭탄은 핵분열로 생성된 중성자만으로 임계(즉발임계; 卽發臨界)를 뛰어넘도록 설계된다. 그러려면 임계에 필요한 양의 핵분열을 하는 우라늄(^{235}U)를 가능한 한 작은 공간에 넣을 필요가 있다. 그래서 원자폭탄에는 핵분열을 하는 우라늄(^{235}U)의 비율이 90%를 넘는 '고농축 우라늄'이 필요해진다. 이란의 우라늄 농축기술개발이 문제되는 것은 병기급 고농축 우라늄 제조를 목표로 하고 있는 것은 아닐까 의심스럽기 때문이다.

원자폭탄에서는 일단 임계 상태에 돌입하면 단번에 연쇄반응이 진행되지만, 고온에서 기화한 우라늄이 팽창하기 시작하자마자 임계가 무너진다. 즉, 원자폭탄의 연쇄반응은 폭발이 시작되기까지 지극히 짧은 시간만 맹렬한 기세로 일어난다.

한편, 원자로는 핵분열의 연쇄반응을 인위적으로 제어하면서 핵분열 반응을 지속시키기 위한 장치이다. 그 때문에 일정 출력을 유지하기 위해 지발중성자(遲發中性子)를 포함한 중성자에 의해 임계가 유지되는 '지발임계' 상태로 운전된다. 또한 발전용 원자로에서는 핵물질이 병기로 전용되지 않도록 하는 '핵 확산 방지' 목적도 있어서 핵분열을 하는 우라늄(^{235}U)의 농도가 3~5%인 '저농축 우라늄'이 우라늄 연료로 사용되고 있다.

영화에서는 때때로 클라이막스에 폭주한 원자로가 핵폭발을 하는 장면이 나온다. 그런 일이 실제로도 일어나는 것일까? 영화 팬에게는 유감이지만, 그러한 일은 일어나지 않는다.

가령, 상업용 원자로가 과임계가 되었다 해도, 원자로의 노심에서는 우라늄이 비교적 큰 공간에 분산되어 있어서 우라늄의 농축도가 낮기 때문에 핵 폭발로는 연결되지 않는

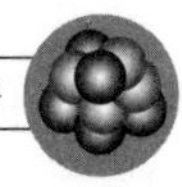

다. 그러나 핵연료가 과열되어 원자로의 노심이 녹아내리면(멜트다운;melt down) 수증기 폭발이나 수소 폭발이 일어나기 때문에 격납용기나 압력용기가 파손돼 대규모 오염을 일으킬 가능성이 있다.

1986년 체르노빌 원자력 발전소 사고는 실제로 원자로의 폭주와 그것에 잇따른 수증기와 수소 폭발에 더해 감속재인 흑연의 화재가 일어난 것이었다([Q8-1] 참조).

멜트다운은 원자로의 냉각이 손실된 경우에도 일어난다. 녹아내린 핵연료가 용기의 바닥에 쌓이면 다시 임계가 되는 것을 염려하는 사람이 많다. 하지만, 고온이 될수록 우라늄(^{238}U)에 의한 중성자 흡수가 잘 되는 저농축 우라늄 연료인 것과, 멜트다운한 상태에서는 그때까지 연료의 틈(극간)을 메워 온 물에 의한 중성자의 감속이 없어지기 때문에 재임계를 일으킬 가능성은 지극히 낮다고 생각된다.

5-5 원자로의 운전을 멈추려면 어떻게 해야 하는가?

A

원자로는 연쇄반응으로 지속되는 임계 상태를 유지함으로써 열 에너지를 얻어낸다. 이 연쇄반응에는 속도가 느려서 우라늄(^{235}U)에 흡수되기 쉬운 중성자가 중요한 역할을 맡고 있다.

그런데, 우라늄(^{235}U)가 핵분열했을 때에 방출되는 중성자는 고에너지의 고속 중성자이다. 고속중성자는 우라늄(^{235}U)에는 포획되기 어렵기 때문에 다음 핵분열을 일으키기 위해서는 핵분열로 방출된 중성자를 감속해, 우라늄(^{235}U)가 붙잡기 쉽도록 할 필요가 있다. 중성자를 감속하는 데는 가벼운 원자핵에 충돌시켜서 에너지의 일부를 상대편의 원자핵에 건네는 방법이 사용된다.

물론 중성자가 충돌했을 때 원자핵 반응을 일으켜 버리면 곤란하므로, 원자핵 반응이 일어나기 어려운 물질이 '감속재(減速材)' 로서 선택된다. 엔리코 페르미(Enrico Fermi)가 1942년에 세계에서 최초로 원자로를 시카고대학 구내에 만들었을 때는 탄소(흑연)가 감속재로서 이용되었다. 그러나 현재 세계적으로 사용되고 있는 상업용 원자로의 대부분은 수소(물)를 감속재로 이용하고 있다. 이것은 물이 중성자의 감속제로서 역할하는 동시에 원자로의 냉각재로도 쓰여 원자로의 자율적인 안정성에 기여하고 다루기 쉬운 원자로가 되기 때문이다.

원자로의 운전을 멈추게 하려면 다음 단계의 핵분열을 일으키는 속도가 느린 중성자를 흡수하는 물질로 만들어진 '제어봉'을 원자로 내에 삽입하면 된다. 핵분열을 일으키는 중성자가 부족하게 되면, 연쇄반응이 이어지지 않게 되어 원자로는 정지한다.

느린 중성자는 일반적으로 고속 중성자에 비해 각종 물질에 흡수되기 쉬운 성질이 있는

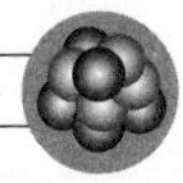

데, 붕소(B)나 하프늄(Hf), 카드뮴(cd) 등이 특히 높은 흡수율을 갖고 있다. '제어봉'은 이들 재료를 가공한 것으로, 연쇄반응의 정지에 이용되기 때문에 안전봉이라고도 부른다. 제어봉을 노심 안에 삽입하면 원자로는 몇 초만에 정지한다.

제어봉은 수동조작으로도 삽입할 수 있지만, 지진 등과 같은 비상 시에는 자동적으로 삽입되어 원자로를 긴급정지(스크램; scram)시키는 구조로 되어 있다.

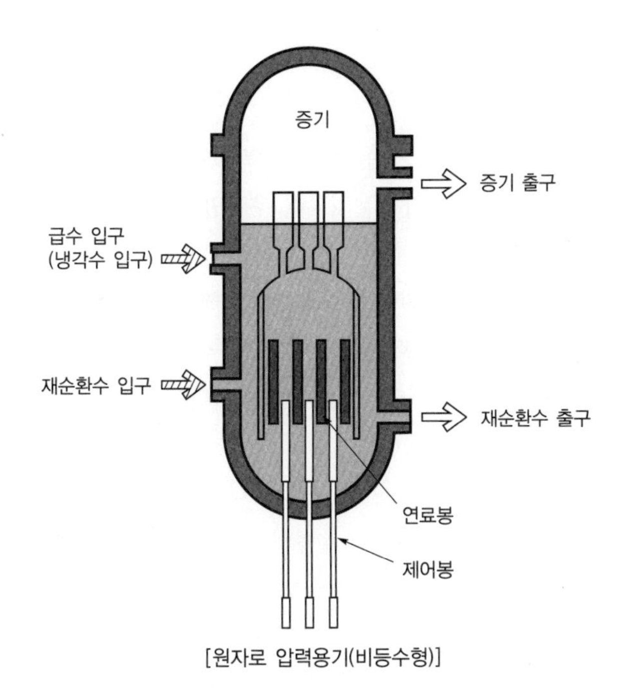

[원자로 압력용기(비등수형)]

5-6 정지한 원자로를 왜 계속해서 냉각시켜야 되는가?

A

우라늄이 핵분열을 하면 핵분열 1회당 평균 약 200메가 전자 볼트의 에너지가 발생한다. 즉, 핵분열을 하면 전체가 양성자 5분의 1개 분량만큼 가벼워지며, 그 질량에 대응하는 정지 에너지(mc^2=200MeV)가 방출된다.

이 에너지의 거의 80%는 핵분열 파편으로 넘겨져, 핵분열 파편은 힘있게 날아간다. 그러나 많은 전하를 띤 무거운 핵분열 파편은 알파선보다 훨씬 투과성이 없어, 순식간에 우라늄 연료 속에서 에너지를 다 써버리고 정지해 버린다. 이렇게 해서 핵분열 에너지의 80%는 우라늄 연료 속에서 열로 바뀐다.

핵분열 반응에서는 핵분열 파편과 동시에 중성자나 감마선도 방출된다. 중성자는 하나의 핵분열당 2~3개씩 방출된다. 이것은 우라늄의 원자핵이 핵분열 파편보다 많은 중성자를 여분으로 가지고 있기 때문에 핵분열 시에 남은 중성자가 방출되는 것이다. 중성자나 감마선은 우라늄 연료의 밖으로 날아가 여러 장소에 에너지를 내보낸다. 이들 중성자나 감마선의 에너지는 핵분열로 방출된 전 에너지의 약 5%에 상당한다.

또한 핵분열 시에는 전 에너지의 약 5%가 중성미자(뉴트리노)의 형태로 방출된다. 뉴트리노는 물질과 상호작용을 거의 하지 않기 때문에 이 에너지는 모두 우주 멀리 날아가 버린다.

핵분열 에너지의 나머지 약 10%는 핵분열 파편이 방사능의 형태로 갖는 에너지이다. 우라늄 연료 안에서 정지한 핵분열 파편은 이윽고 그 에너지를 베타선이나 감마선의 형태로 방출한다.

이들 에너지가 우라늄 연료에 흡수되면 우라늄 연료를 데우는 열이 되므로 그 열을 '붕

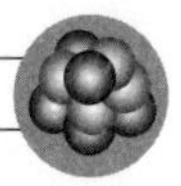

괴열'이라 부른다. 그러므로 긴급정지 직후의 원자로는 새로운 핵분열은 일어나지 않지만, 붕괴열 때문에 운전 중의 10퍼센트 정도의 발열을 계속한다.

일본의 표준적인 전기출력 110만 킬로와트의 발전용 원자로는 열 출력이 그 약 3배인 330만 킬로와트 정도이다.

그러므로 총 출력 상태에서 긴급 정지한 직후의 발전용 원자로에는 아직 약 33만 킬로와트(전열기 33만 대 분) 정도의 붕괴열이 계속 발생되고 있는 셈이다. 중대한 사고로 이어지는 노심의 손상을 막기 위해서 원자로 정지 후에도 노심을 계속 냉각할 필요가 있는 것은 이 때문이다.

핵분열 파편 중 반감기가 짧은 것은 비교적 단시간에 붕괴를 일으켜서 그 수가 감소해 간다. 그 때문에 붕괴열은 반감기가 수 시간 정도까지인 방사성 물질이 사라져 감에 따라 점차적으로 약해지고 마지막에는 세슘(^{137}Cs)이나 스트론튬(^{90}Sr) 등 반감기가 긴 방사성 물질에 의한 발열만이 남는다. 그 붕괴열은 원자로를 정지시키고 1년이 지나도 2천 킬로와트(운전 중의 0.1% 정도) 이상 남아 있기 때문에 원자로를 정지시켜도 냉각이 필요없어지는 것은 아니다.

탈원전을 생각하지 않으면 안 되는 이유

후쿠시마(福島) 원전 폭발 사고 후 세계적으로 탈원전 움직임이 일어나고 있다. 온실 가스를 배출하지 않는 적절한 대체 에너지가 있고, 늘어나는 에너지 수요를 감당할 수 있다면 원자력 발전소를 폐지하는 것은 인류에게 있어서 하나의 선택사항이다. 그러나 원자력 발전소를 폐지할 경우에는 안전상 해결하지 않으면 안 되는 중요한 문제가 있다. 그것은 천연 가스를 이용하는 화력발전소처럼 발전용 원자로 운전을 멈추게 하고 시설을 해체하면 그것으로 끝이냐 하면 그것이 아니기 때문이다. 후쿠시마 제1 원전 사고로 알 수 있듯이, 각 원자력 발전소에는 사용이 끝난 다량의 핵연료가 저장되어 있다. 사용이 끝난 핵연료는 다량의 방사성 물질을 포함하고 있으며, 붕괴열을 계속해서 내고 있기 때문에 냉각이 필요하다. 또한 가능성은 낮지만 핵연료봉의 피복이 열화하면 방사성 물질이 누출될 가능성도 있기 때문에 그런 면에서도 적절한 관리를 계속해야 된다.

일본에는 다량의 방사성 물질을 포함한, 사용이 끝난 핵연료를 앞으로 몇 백년간 계속 보관 관리하기 위한 시설이 없다. 때문에 그러한 시설이 만들어지기까지는 각 원자력 발전소의 저장 풀에 사용이 끝난 연료를 보관해야 된다. 그 상태는 원자로를 운전하고 있을 때보다도 위험할지도 모른다. 왜냐하면 원자로를 폐지해 버리면 능력이 있는 기술자는 다른 분야에 배치 전환되어 시설을 관리하는 사람들의 지식이나 기술 수준이 낮아질 가능성이 크기 때문이다. 평상시에는 그 차이가 별로 문제가 되지는 않는다. 그러나 큰 지진과 같은 재해로 긴급사태가 발생하면 현장직원의 대응에 따라서 결과가 크게 달라질 가능성이 있다.

탈원전을 외치는 사람들이 사용이 끝난 연료나 고준위 폐기물을 안전하게 보관 관리하는 시설 설치에 반대하는 사람들이기도 한 점은 정말 아이러니한 일이 아닐 수 없다.

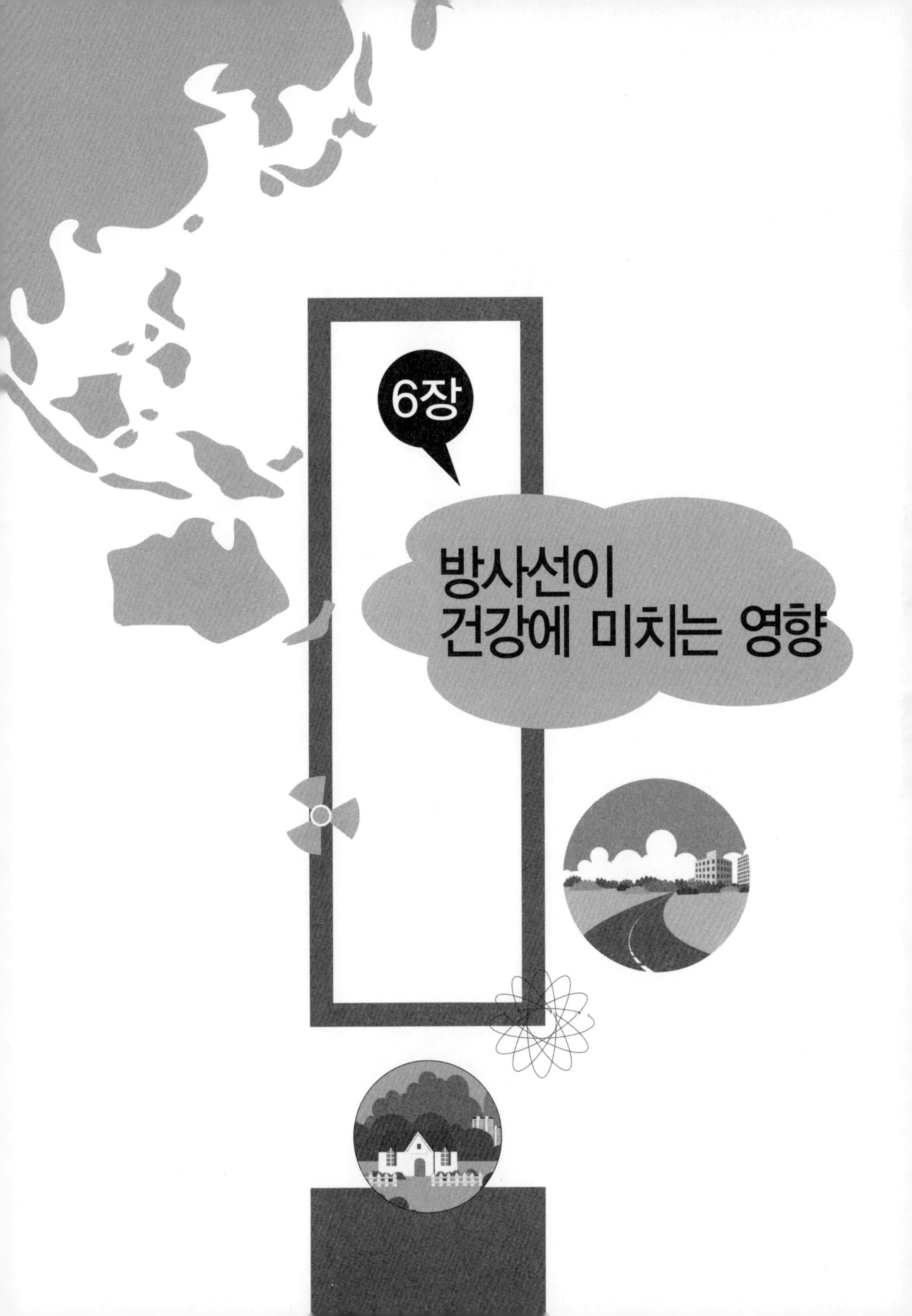

6장

방사선이 건강에 미치는 영향

6-1 한 번에 대량의 방사선에 노출되면 어떻게 되는가?

A

뢴트겐에 의해 엑스선이 발견되자 사람들은 바로 엑스선을 이용하기 시작했다. 그러나 당시 사람들은 엑스선이 건강에 해를 줄 수 있다는 의심을 꿈에도 하지 않았다. 그 때문에 처음에는 엑스선에 몸이 노출되는 것을 전혀 염려하지 않고 엑스선을 인체에 투과했다. 그렇기 때문에 발견한 지 10년이 지난 20세기 초 무렵까지는 많은 사람이 지나치게 엑스선을 쬐어서 '엑스선 화상'과 같은 손상을 입거나 목숨을 잃기도 했다.

그 중에서도 발명왕 에디슨의 조수 클라렌스 달리(Clarence Dally)가 1904년에 피부암으로 목숨을 잃은 사건은 유명하다. 에디슨은 그 후 엑스선에 관한 연구를 중단했다고 한다.

[표 1]은 사람의 전신이 치명적인 양의 방사선에 노출되었을 때의 선량(線量)과 사망원인과의 관계를 나타낸 것이다. 전신이 아닌 특정 조직이나 기관만이 대량의 방사선을 받았을 때는 그 조직이나 기관의 기능이 일시적 또는 영구히 상실되므로 그 조직이나 기관의 기능에 대응한 증상을 보인다. 20세기 초 사람들은 그 증상이 일정 '양' 이상의 방사선에 노출되었을 때에만 나타난다는 것을 알았다. 그리고 증상이 발생하는 경우에는 노출된 방사선의 양이 많을수록 중증이 되는 것과, 그리고 방사선을 한 번 받은 쪽이 몇 번으로 나눠서 받거나 시간을 들여서 받은 때보다도 증상이 나오기 쉽다는 점도 몸소 체득했다.

[표 2]에는 특정 조직이나 기관이 방사선을 받았을 경우에 생기는 영향과 발증에 필요한 최소한의 방사선의 양(한계선량)의 기준을 나타냈다. 방사선을 받고서 비교적 단기간 안에 나타나는 이들 상해를 방사선 조직반응이라 부른다.

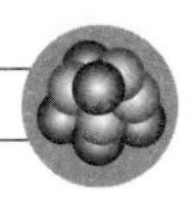

[표 1] 전신급 조사가 초래하는 치명적인 영향

전신 조사의 흡수선량[그레이]	주된 사망 원인	사망에 이르기까지의 기간
3~5	적색골수 손상	30~60일
5~15	소화관 손상	7~20일
5~15	폐나 신장 손상	60~150일
>15	중추신경계 손상	5일 이내(선량에 따라 다르다.)

[표 2] 각 조직이나 기관의 방사선 조직반응

조직반응	조직이나 기관	잠복기	한계선량 [그레이]
영구불임	고환 난소	3주 <1주	~6 ~3
염증반응이 아닌 피부 홍반 방사선 화상	광범위한 피부	1~4주 2~3주	<3~6 5~10
일시적 탈모	피부	2~3주	~4
백내장 급성 백내장 노인성	수정체	수년 수십년	~1.5 ~0.5
조혈기능 저하	적색골수	3~7일	~0.5
조혈기능 장해사 의료조치 없음 조혈기능 장해사 의료조치 있음	적색골수	30~60일	~1 2~3
소화관 장해사 의료조치 없음 소화관 장해사 의료조치 있음	소장	6~9일	~6 >6
방사선 폐렴사	폐	1~7일	6

(주) 한계선량은 피폭된 사람의 1%에 발증하는 선량을 의미한다.

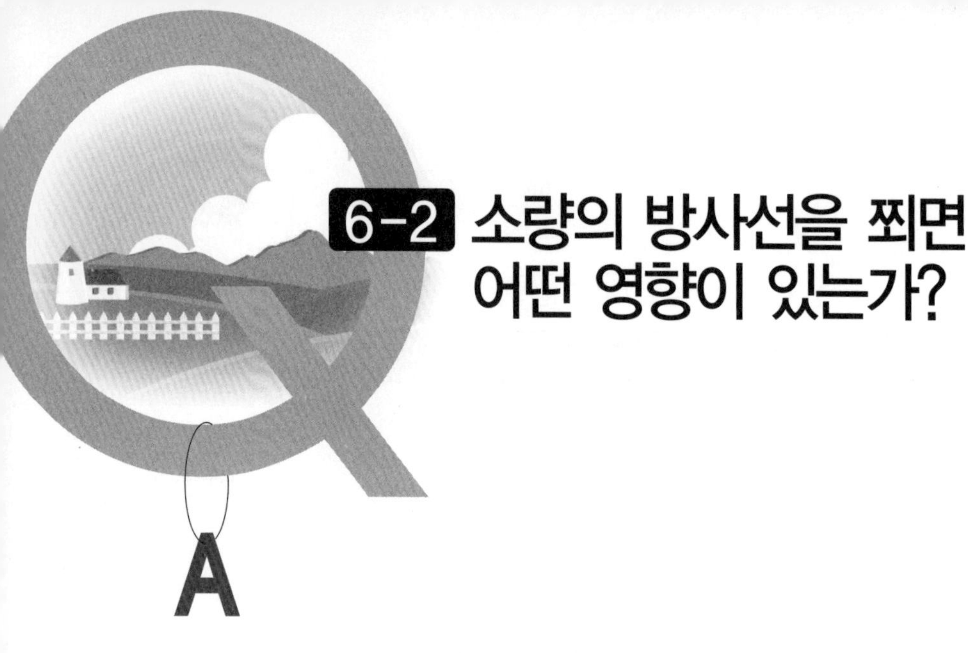

6-2 소량의 방사선을 쬐면 어떤 영향이 있는가?

A

20세기 중반경부터 방사선 조직반응을 일으키지 않을 것 같은 소량의 방사선을 받은 경우에도, 긴 잠복기간을 거쳐 방사선 조직반응과는 다른 종류의 영향이 건강에 미칠 수 있음을 알게 되었다.

히로시마(廣島)와 나가사키(長崎) 피폭자들에 대한 60년 이상에 걸친 추적조사에서는 0.2그레이 이상의 원폭방사선을 받은 사람들 중에서 2~5년 잠복기를 거쳐 백혈병에 의한 과잉사가 통계적으로 확인되었고, 10년 남짓 걸려서 정상으로 되돌아 왔다. 또, 0.5그레이를 넘는 원폭방사선을 받은 사람들 중에는 10~20년의 잠복기를 거쳐 유방암이나 폐암 등에 의한 과잉사가 통계적으로 확인되었다. 이 통계적으로 확인된다는 의미는 조금 설명이 필요하다.

오늘날 일본인의 사망 원인은 3분의 1 이상이 암이다. 어떤 선량 이상의 원폭 방사선을 받은 사람들의 암 사망자 수가 그와 비슷한 연령 분포와 성별 구성과 유사한 생활습관을 가진, 원폭의 방사선을 받지 않은 사람들의 암 사망자 수와 비교해 우연히 일어날 수 있는 편차의 범위를 넘어서 많이 관측되었을 때 원폭의 방사선을 받은 사람들의 집단에서는 암의 과잉발생이 통계적으로 확인되었다는 것이 된다.

즉, 같은 조건의 사람들 중에 원폭방사선을 받은 사람들 쪽이 그렇지 않은 사람들의 예측 수보다 암으로 사망하는 사람 수가 많다는 것이다. 그리고 원폭방사선을 받아서 암으로 사망한 사람들 중 누가 원폭방사선의 영향을 받았는지는 전혀 알 수가 없다.

소량의 방사선을 받았을 때에 생각할 수 있는 영향에는 암 유발 외에 유전병 유발이 있다. 방사선에 의한 유전병 유발이란, 방사선에 노출된 정자나 난자의 유전자에 변이가 생

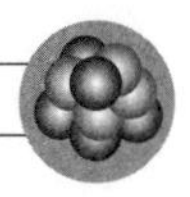

겨서 자손에게 좋지 않은 유전형질이 전해지는 것을 말한다.

대기권 내 핵실험이 빈번했던 냉전시대에는 방사성 강하물의 영향으로 어린이의 돌연변이가 늘어 인류의 '유전자풀(gene pool)'이 손상된다는 염려에서, 방사선의 유전적 영향에 이목이 집중되었다. 그러나 그 후의 연구에서 자연적으로 생기는 돌연변이와 같은 빈도로 돌연변이를 일으키는 데 필요한 방사선의 양(자연 돌연변이의 배가선량)이 그때까지 생각해온 선량보다 훨씬 큰 1그레이 정도라는 것이 밝혀졌다.

유전병 유발을 특별히 중시해서 방호대책을 생각할 필요가 없게 된 것이다. 또한 원폭 방사선을 받은 사람들에 관한 추적조사에서도 그 피폭자의 2세나 3세 중 유전병 과잉발생은 확인되지 않고 있다.

[히로시마 피폭자들의 과잉 암 사망과 과잉 백혈병 사망]

선량 [그레이]	방사선을 받은 사람	백혈병 이외의 암에 의한 사망자		백혈병으로 의한 사망자	
		예측 수	사망자 수	예측 수	사망자 수
<0.005	38,000	4,268	4,270	91	91
0.005~0.1	30,000	3,343	3,387	61	65
0.1~0.2	6,000	691	732	12	16
0.2~0.5	6,400	716	815	15	26
0.5~1	3,600	367	483	12	29
1~2	1,800	213	326	7	33
>2	800	50	114	2	33
총수	86,600	9,648	10,127	200	293

방사선영향연구소(2001)

6-3 방사선의 피해는 어떻게 일어나는가?

A

인체에 방사선을 조사하면 거의 순간적으로 몸 안에 이온이나 여기된 원자나 분자가 만들어진다. 이들 이온이나 여기원자는 1피코초(1조분의 1초) 정도의 짧은 시간 동안에, 주위에 있는 물분자와 반응하여 활성산소 같은 산화성 화학물질을 만들어낸다. 이들 산화성 화학물질은 매우 반응성이 커서 때마침 주위에 DNA 분자가 있으면 DNA 사슬의 한쪽을 절단하기도 하고, DNA의 유전신호를 구성하는 염기(아데닌, 구아닌, 시토신 및 우라실)와 결합하기도 한다.

또한 DNA의 사슬끼리 혹은 DNA와 주위의 단백질 분자를 연결하기도 하고, 심한 경우에는 DNA를 이루고 있는 두 가닥의 나선 모두를 절단하기도 한다.

그러나, 세포 속에는 손상을 입은 DNA를 치료하는 효소가 있어서 DNA의 손상 대부분은 깨끗하게 복구된다. 효소가 손상된 DNA를 복구하지 못하거나 기록된 유전신호를 잘못 복구하면, 그 세포는 분열에 이상이 생기고 세포 그 자체가 살아갈 수 없게 된다.

이런 일은 DNA의 이중 사슬이 다 절단되거나, 이따금 각 사슬이 상당히 접근한 장소에 손상을 입은 경우에 일어나기 쉬운 것으로 알려져 있다. 아무튼 DNA에 이상이 생긴 세포는 그대로 죽든지 비정상적인 세포로 분해(아포토시스; apoptosis)해서 백혈구(매크로파지; macrophage)에게 먹힌다.

다행히도 우리 몸은 한두 개의 세포가 죽는다 해도(몇십 개의 세포가 죽어도), 그것으로 이상이 생기지는 않는다. 이상한 세포가 제거되는 것은 우리의 몸에는 오히려 좋은 일이다. 그러나 전신 혹은 광범위한 신체부위가 대량의 방사선에 노출되었을 때 한꺼번에 많은 세포가 사멸되면 그 조직이나 기관의 기능을 잃을 수도 있다. '방사선 화상' 등,

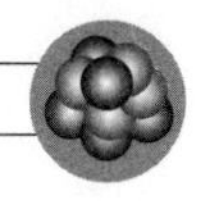

[Q6-1]에서 설명한 방사선 조직반응은 그렇게 해서 일어난다.

그런데, 유전정보에 이상이 생긴 DNA를 가진 세포 중에는 극히 드물지만 살아남는 세포가 나오기도 한다. 그러한 돌연변이를 가진 세포 중에는 가끔 암의 발생에 관여하는 유전정보에 이상이 생기는 것도 있다.

이러한 세포는 다음에 DNA에 자극(방사선뿐만 아니라 발암물질이나 자외선 등)을 받았을 때 다른 세포보다도 암으로 진행하기 쉬운 성질을 가지고 있다고 알려져 있다.

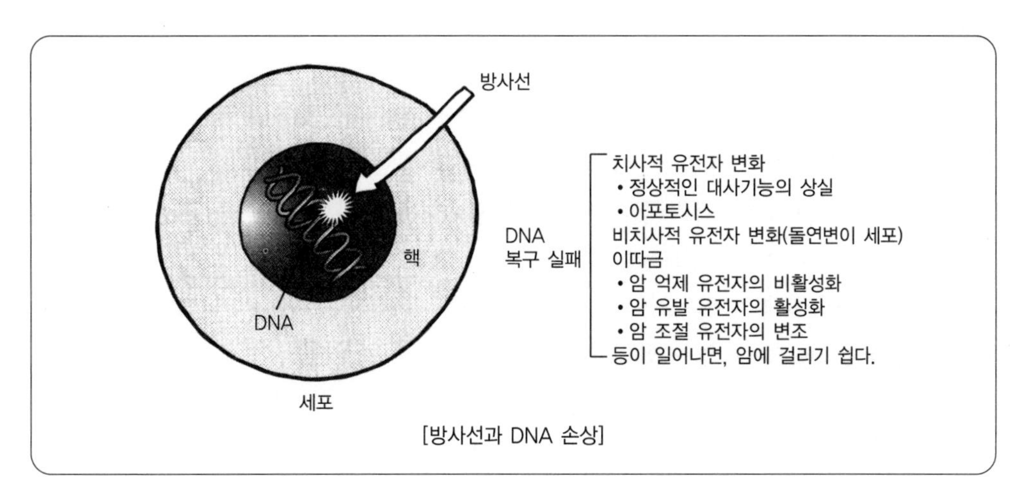

[방사선과 DNA 손상]

6-4 아무리 적은 방사선도 피해를 일으키는가?

A

방사선 조직반응을 일으키는 정도보다 적은 방사선을 받은 경우에도 암이나 유전병의 유발은 통계적으로 관측되고 있다. 그러나 통계적인 확인이 가능하려면 어느 정도 많은 사람의 집단이 필요하다. 그리고 확인을 위해 필요한 집단의 규모는 확인하고자 하는 현상이 일어날 확률이 적으면 적어질수록 커진다.

그 때문에 아주 드물게 일어나는 일을 통계적으로 확인하려는 것은 사실상 불가능하다. 원폭 피폭자들에게 볼 수 있는 암의 과잉 발생은 노출된 방사선 양이 적은 집단일수록 드물게 나타난다.

그 때문에 0.5그레이보다 적은 원폭방사선에 노출된 사람들 사이에서 암의 과잉 발생이 있는지 없는지 통계적으로 확인하기는 어렵다. 그 보더라인(border line)을 0.1그레이에 둔 연구자도 있지만, 받은 방사선의 양이 그 이하가 되면 방사선 노출로 인해 암이 늘었는지 아닌지를 알 수 없게 되는 경계선이 있는 점에서는 변함이 없다.

이와 같이 알 수 없게 된 이유는, 현대인의 3분의 1 이상이 어떤 원인으로든 암에 걸리고, 암에 걸리는 원인도 방사선 이외에도 무수히 많기 때문이다. 그리고 '현대인의 3분의 1 이상'이라는 숫자는 어디까지나 평균적인 이야기이며, 같은 조건에서 선택한 집단에서도 암에 걸릴 확률은 차이가 있다.

방사선에 노출된 양이 적으면 방사선 영향으로 발암률이 높아졌는지 아닌지를 알 수 없다는 것은, 가령 발암률이 늘고 있다 하더라도 원인이 다양해서 구별할 수 없다는 의미이기도 하다.

그러나 방사선을 사용하는 일에 종사하는 사람들이 실제로 받는 방사선의 양은 암발생

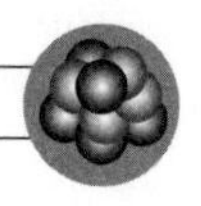

의 증감을 판단할 수 없는 방사선 양보다 적은 것이 보통이다. 그래서 통계적으로 암의 증가를 확인할 수 없을 정도의 방사선량이라도, 만에 하나 우리가 구별할 수 없는 증가가 실제로 일어난 경우에 문제가 되지 않도록 암의 증가가 방사선을 받은 양에 비례한다고 간주하고, 그러한 사람들을 위한 안전조치 방법을 정하게 되었다. 이 평가법을 '문턱없는 선형 모델(Linear No-Threshhold;LNT 모델)'이라 한다.

LNT 모델을 사용하면 아무리 적은 방사선의 양이라도 피해(암의 증가)가 있는 것처럼 보인다. 그렇지만, 그 피해는 방사선 안전 조치를 결정하기 위한 기준(예를 들면 2종류의 안전조치 중 어느 쪽을 선택할까를 판단하기 위한 기준)이지, 방사선을 받은 한 사람 한 사람이 장래 암에 걸릴 가능성을 예측하는 것은 아니다. 왜냐하면, 여기서 사용되는 방사선의 양은 유효선량([Q2-15] 참조)이므로 A씨나 B씨가 아닌 표준인이라는 컴퓨터에 프로그램된 가공의 남녀가 받는 방사선 양의 평균치이기 때문이다.

게다가 사람의 방사선 감수성은 사람마다 다르기 때문에 A씨나 B씨의 방사선 감수성이 유효선량을 계산할 때 사용하는 방사선 가중계수나 조직가중계수와 맞다고 할 수는 없다. LNT 모델은 받은 방사선의 양과 암에 걸릴 가능성의 관계를 나타내는 과학적 결론은 아니다.

6-5 방사선에 노출되면 암에 걸리나?

A

방사선이 세포의 돌연변이를 일으켜 암을 유발할 가능성에 대해서 [Q6-2]에서 설명했다. 그러나 단 한 개의 돌연변이가 암에 관련한 유전자로 인해 일어났다고 해도, 그것이 바로 암의 발병으로 연결되는 것은 아닌 것 같다.

그림은 1997년의 일본 후생성(당시) 사망통계에 기초해서 작성한 연령과 암의 발병 관계를 보인 그래프이다. 이 그래프는 가로축도 세로축도 '로그 눈금'으로 표시되어 있어 경사의 정도로 세로축의 변수(암 발생 수)가 가로축(연령)의 몇 승에 비례하는가를 나타내는 성질이 있다. 그래프를 보면 30세 이상은 거의 연령의 5제곱에 비례해서 암에 걸리고 있는 것을 알 수가 있다.

사람의 유전자는 연령과 함께 변이를 거듭해 간다. 그래서 만약, 단 하나의 돌연변이가 암을 유발하고 있는 것이라면 암의 발생은 연령에 비례할 것이다. 만약 두 개의 독립된 유전자 변이가 필요하다면 암의 발생은 연령의 2제곱에 비례할 것이다. 그러니까 이 그래프는 암의 발생에 5개 정도의 독립된 변이가 필요함을 나타내고 있다고 생각된다. 방사선을 한 번 받았을 때 운이 나빠 생겼을지 모르는 단 하나의 암 관련 돌연변이가 그대로 암으로 발전되는 일은 없다고 확신해도 좋을 것이다.

원폭의 방사선을 받은 사람들 중에서 과잉의 암(백혈병 포함)으로 사망한 총 인원 수는 히로시마(廣島)의 경우 60년간 약 600명이다. 그러나 여기서 강조하고 싶은 것은, 같은 기간에 암에 걸린 사람들 중 누가 원폭방사선이 원인이 되어 암에 걸렸는지는 전혀 알 수 없다는 점이다.

그러나 세상의 많은 사람들은 원폭의 방사선을 받은 사람이 암에 걸리면, 그것은 모두

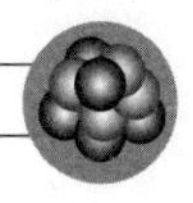

원폭방사선 탓이라고 생각한다. 그리고 그것을 유추해서 방사선을 받으면 "반드시 암에 걸린다."라고 생각하는 사람들도 많다.

그러나 잘 생각해보면 이런 생각은 정말 근거가 없다는 것을 쉽게 알 수 있다. 일본인의 사망 요인의 3분의 1 이상이 암이라는 엄연한 사실이 있고, 암으로 죽은 사람의 대부분은 원폭방사선과는 전혀 관계가 없는 사람들이다. 인간은 여러 가지 원인으로 암에 걸린다. 방사선은 그 원인 중 하나일 뿐이다. 원폭방사선을 받은 사람들에게만 다른 발암 요인이 전혀 작용하지 않았다고 간주하는 것은 너무나 불합리한 생각이다.

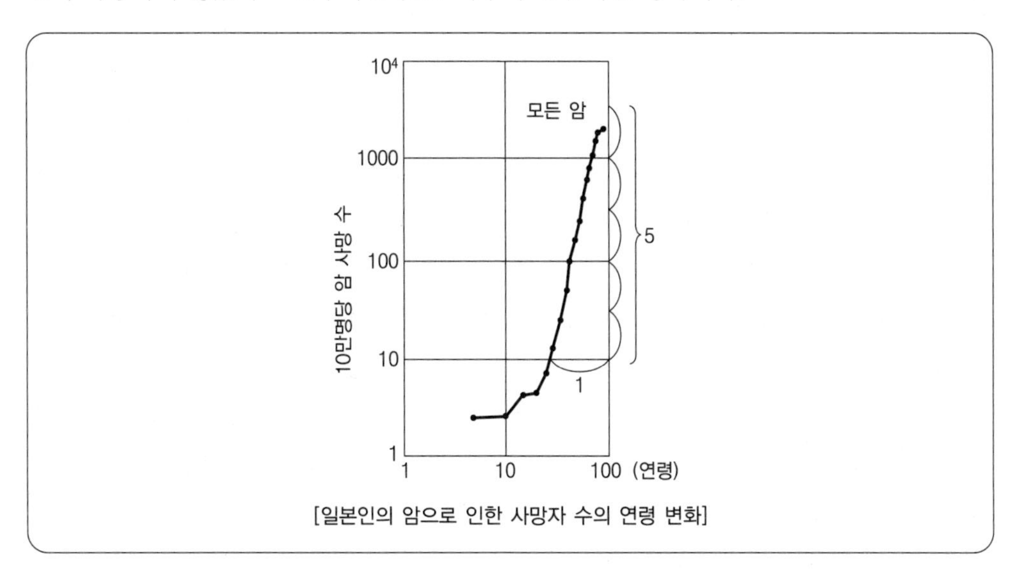

[일본인의 암으로 인한 사망자 수의 연령 변화]

6-6 방사선으로 '고질라'와 같은 괴물을 만들 수 있는가?

A

괴수 영화의 「고질라」는 수소폭탄의 방사능이 낳았다고 하는 설정의 괴물로, 핵 실험지 비키니 환초에서 행해진 수소폭탄 실험의 '죽음의 재'를 뒤집어 쓴 제5후쿠류마루(第五福龍丸) 사건(1954년 수소폭탄 폭발 시 땅에 내린 재로 인해 일본 참치어선의 선원 23명이 방사능 피폭을 당했다.)이 제작 동기가 되었다고 한다. 「고질라」뿐만 아니라 영화에 등장하는 방사선에 노출되어(혹은 방사능 피폭에 의해) 탄생한 이런 괴물들이 현실에서 만들어질 수는 없다. 그러나 실제로 영화나 소설이나 만화에서는 여러 괴물이 방사선이나 방사능에 의해 탄생되고 있다. 이것은 도대체 왜일까?

하나의 계기는 1927년에 미국의 유전학자 허먼 멀러(Hermann Josepb Muller)가 엑스선을 조사해서 초파리에 인공적인 돌연변이를 일으킬 수 있음을 발견한 데서 시작되었다. 그리고 주로 유전학자들 사이에, "노출된 방사선의 양과 돌연변이 발생률이 비례한다."는 '방사선의 유전적 영향'에 관한 사고가 정착되었다는 것이 큰 영향을 주었다고 생각된다.

1950년대부터 1960년대에 걸쳐서 빈번하게 실시되었던 대기권 내 핵실험에 따른 방사성 강하물은 인류가 '약하고 광범위하게' 방사선에 노출되는 상황을 낳았다. 그리고 그것은 인류의 생물종으로서의 유전자풀 손상을 크게 염려하게 만들었다.

게다가 동서 양 진영이 대량의 핵병기를 가지고 서로 의심을 하였던 그 시대에는 자신들의 핵병기의 위력을 내세우고 상대방 핵병기의 잔학함을 강조하는, 서로 모순된 선전활동이 성행하였다.

그 시대에 방사선이나 방사능의 영향으로 황당무계한 괴물이 생기는 소설이나 영화가

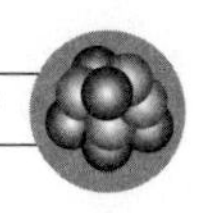

많이 만들어진 것은 그러한 선전활동과 관계가 있는지도 모른다(물론 CIA가 할리우드에 자금을 제공했는지 어떤지 필자로서는 알 수 없다. 또한 방사선이나 방사능의 피해를 비과학적으로 강조한 작품 중에는 반핵병기의 메시지가 포함되어 있는 것도 적지 않았음을 저자들의 명예를 위해 밝혀둔다).

괴물은 그렇다고 해도, 방사선이 돌연변이의 원인이 될 수 있다는 것은 확실하다. 그것을 이용해서 농산물의 품종개량이 시험되어 왔다. 그러나, 방사선에 의한 돌연변이는 어디까지나 우연히 일어나는 것이므로 대부분의 돌연변이는 그 식물에게 있어서 불리하게 작용하며 사람에게 유용한 형질을 가진 품종을 만들어내는 것은 쉽지 않다.

유전자의 해석이 용이해지고 유전자 조합 기술이 진보했기 때문에 우연의 결과에 의존하는 방사선 돌연변이의 이용은 머지않아 과거의 이야기가 될 것이다.

6-7 임신 중에 방사선을 쬐면 기형아가 탄생하는가?

A

임신 중인 여성에게 방사선이 기형을 유발할지도 모른다는 정보는 엄청난 공포임에 틀림없다. 일부 무책임한 보도가 그러한 공포를 부추긴 것도 사실이다. 또한 오늘날에는 인터넷으로 '임신'과 '방사선'을 키워드로 검색하면 다 읽을 수 없을 정도로 많은 정보를 얻을 수 있다. 인터넷의 위험한 점은 이러한 정보의 홍수 속에서 어느 것이 정확한 정보이며 어느 것이 잘못된 정보인지를 스스로 판단해야 한다는 것이다. 그리고 기초지식이 없는 사람들에게 있어서는 오히려 사실이 아닌 잘못된 정보가 마음 속의 공포를 불러일으키기 쉬운 함정이 있다.

체르노빌의 원자력 발전소에서 사고가 일어났을 때 소문으로 전해진 방사선(방사능)의 피해를 걱정해서, 의학적으로는 전혀 필요 없는 많은 인공임신중절이 행해졌다. 그 영향만은 아니라고 하더라도 그 해 유럽 전체의 출생자 수는 10만명 정도 줄었다고 한다. 그러면 방사선이 배아나 태아에 미치는 영향은 실제 어느 정도일까?

배아나 태아는 끊임없이 세포분열을 하기 때문에 성인에 비해 방사선 감수성이 높다고 여겨지고 있다. 특히 여러 기관이 형성되는 임신 3주부터 8주(기관 형성기)는 가장 방사선

[태아 및 배아에 대한 영향과 한계선량 추정치]

시기 (최종월경령)	영향	역치선량	비고
임신초기	유산	50~500밀리그레이	동물실험
3~8주	기형	50~250밀리그레이	동물실험
8~15주	중증의 정신 지체	300~600밀리그레이	원폭으로 방사선을 받은 사람

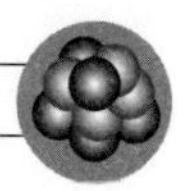

의 영향을 받기 쉬운 시기이다. 이 시기에 배아가 비교적 큰 양의 방사선을 받으면, 기형과 같은 선천이상을 일으킬 가능성이 있다고 생각한다. 그러나 동물실험에 따르면 기형은 배아나 태아가 약 100밀리그레이 이상의 방사선을 받지 않으면 일어나지 않는다고 한다.

또한 기관 형성기 이전에 방사선에 노출되어 배아에 이상이 생기면, 유산이 되기 때문에 선천이상과 상관이 없다. 체르노빌 원자력 발전소의 사고로 오염된 지역에서 동물이나 인간의 기형이 증가하고 있다는 놀라운 보도가 있었다. 하지만, 실제로 벨라루스(Belarus)에서 이루어진 신생아의 선천적 이상에 관한 조사에서는 토지가 고농도의 방사성 세슘으로 오염된 지역의 거주자와 저농도 오염 지역의 거주자 사이에 선천적 이상 발생률에 의미를 부여할만한 충분한 차이가 없는 것으로 확인되었다.

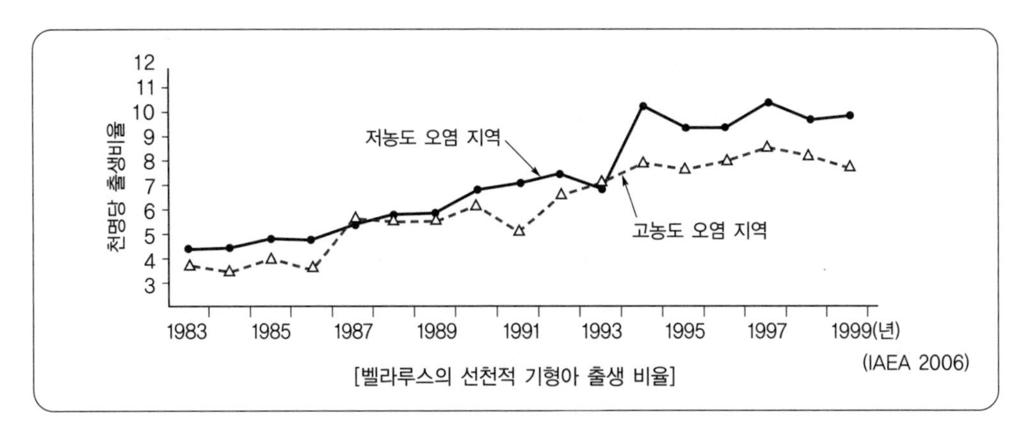

[벨라루스의 선천적 기형아 출생 비율]

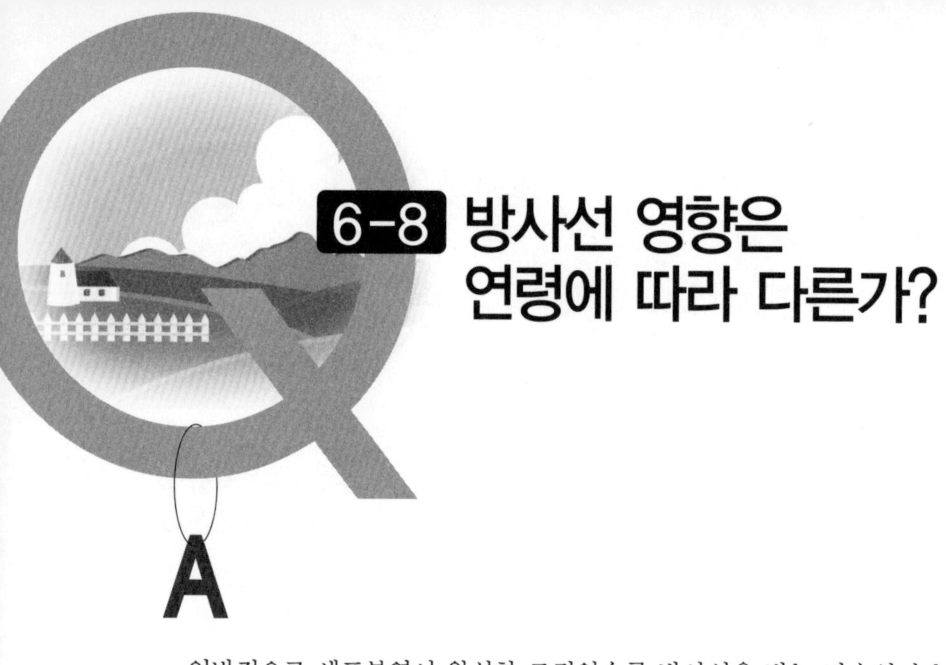

6-8 방사선 영향은 연령에 따라 다른가?

A

일반적으로 세포분열이 왕성한 조직일수록 방사선을 받는 감수성이 높은 경향이 있다. 성장기에 있는 아이들은 성인에 비해 세포분열이 활발하기 때문에 성인보다도 방사선에 대한 감수성이 높을 것으로 생각되며, 동물실험에서도 확인되어 있다. 그러나 방사선 감수성이라 해도 천편일률적이지 않고, 어떤 영향에 초점을 맞추느냐에 따라 연령별 방사선 감수성의 차이는 다양할 것이라 생각된다.

원폭 피해자의 연령별 과잉의 암 사망률 리스크를 보면, 10세 때 피폭을 당한 그룹이 30세나 50세 때 피폭을 당한 그룹보다 높지만, 그룹 간의 차이는 피폭 시점에서부터 시간이 흐를수록 작아진다고 알려져 있다. 물론 암의 종류에 따라 연령 의존성이 큰 것과 그렇지 않은 것이 있고, 실제적인 예가 적기 때문에 통계적으로 확정적인 결론을 내기는 어렵다.

원폭 피해자의 백혈병 증가는 널리 알려져 있다. 백혈병도 연령이 낮은 그룹일수록 백혈병의 리스크가 높지만, 그룹 간의 차이는 성장함에 따라서 감소하는 경향이 있다.

체르노빌 원전 사고 후, 피폭자의 발병 증가가 확인된 갑상선암은 비교적 분명한 연령 의존성을 보이고 있다. 어릴 때 방사능에 노출될수록 갑상선암 발생빈도가 높고 잠복기도 짧은 경향이 있는 것으로 보고되어 있다.

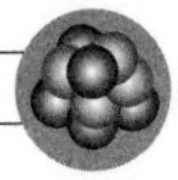

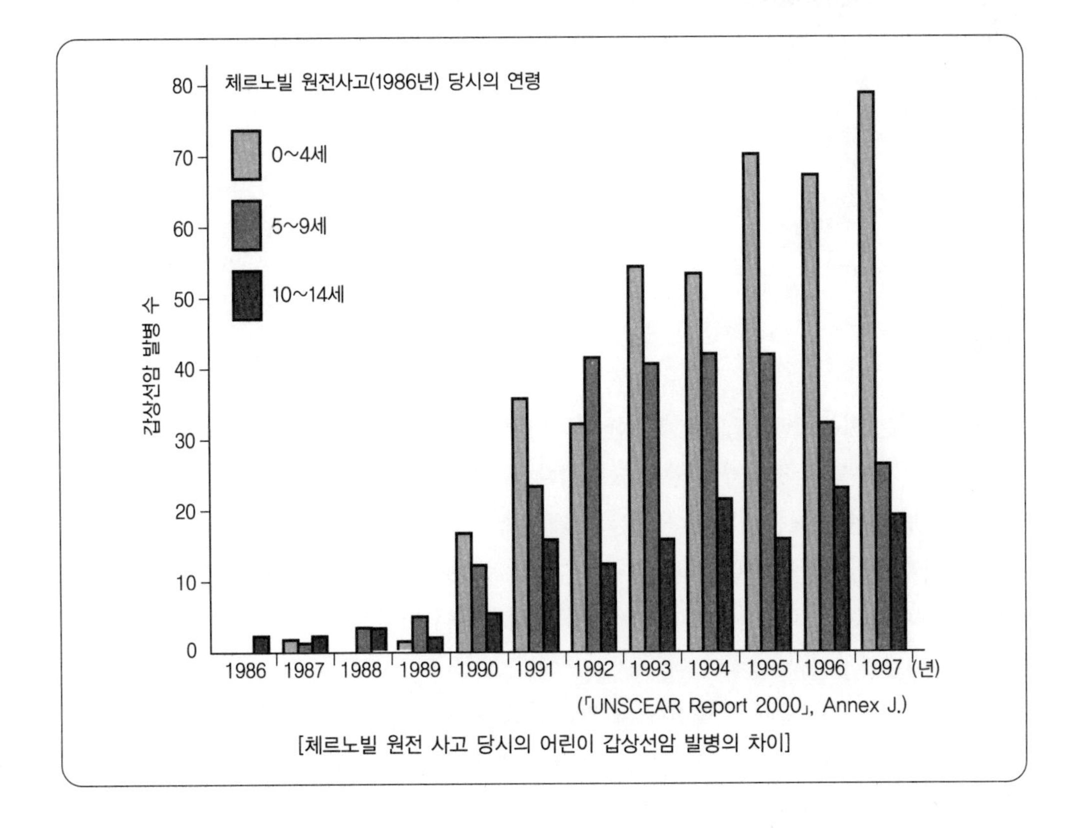

(「UNSCEAR Report 2000」, Annex J.)

[체르노빌 원전 사고 당시의 어린이 갑상선암 발병의 차이]

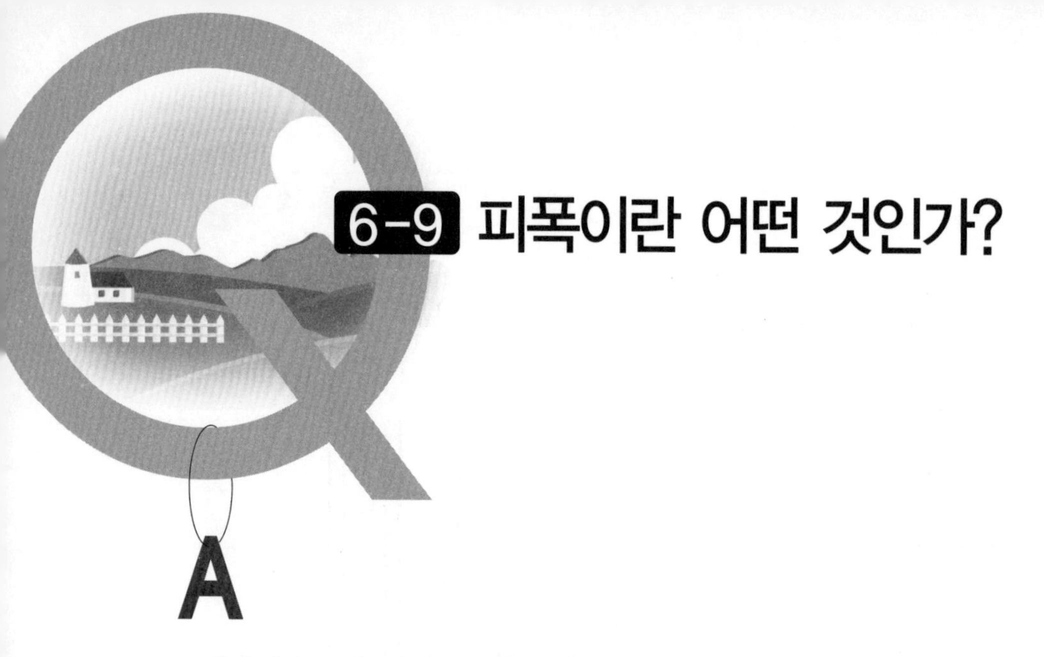

6-9 피폭이란 어떤 것인가?

A

사실 필자는 피폭이라는 말을 가능한 한 사용하지 않으려 하고 있다. '피폭자'라는 말이 차별적으로 사용되는 경우가 많았기 때문이다.

사람이 방사선에 노출되는 방식에는 크게 나눠서 두 가지가 있다. 하나는 외부로부터 방사선 입자가 날아들어오는 경우이다. 이 경우 방사선의 근원은 인체 밖에 있기 때문에 '외부피폭'이라 한다. 방사선에 피폭되었다고 사람들이 말하는 것은 대개 이 경우를 의미한다.

또 다른 한 가지는 방사성 물질이 체내에 침투한 경우인데, 방사선의 근원이 몸안에 있기 때문에 '내부피폭' 등으로 부른다. 내부피폭에는 방사성 물질을 음식물과 함께 섭취한 경우와, 호흡할 때 들이마신 경우, 상처로부터 들어오거나 점막으로부터 흡수되는 경우가

[내부피폭과 외부피폭]

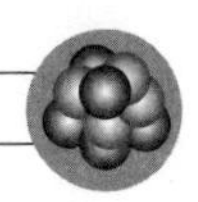

있다.

몸의 외부에서 들어오는 방사선이 멈추면 외부 피폭은 멈춘다. 하지만, 내부피폭은 체내에 방사성 물질이 있는 한 계속된다. 그 때문에 내부피폭의 선량은 추후 몸 안에서 방출되는 방사선도 포함해 평가한다.

방사선 방호의 목적은 외부피폭이든 내부피폭이든 유효선량으로 평가한다. [Q2-15]에서도 설명했듯이 유효선량은 특정 개인이 방사선으로부터 받는 리스크(장래 암이 발병할 확률의 증가)와 관계된 것은 아니다.

유효선량은 어디까지나 그 특정 개인과 같은 조건을 가진 '표준인' 남녀가 외부피폭과 내부피폭을 받았을 때 각 리스크의 평균에 비례하는 것으로 정해진 양이기 때문이다(그러므로 유효선량에는 남녀의 생식선이나 여성의 기관인 유방과 자궁, 남성의 기관인 전립선의 등가선량이 모두 포함되어 있다).

ICRP의 리스크 계수는 원폭에 노출된 사람들에 대한 생애 추적조사에서 이끌어낸 '방사선의 양과 과잉의 암 발생빈도' 관계에 기초한 것이다. 그러나 사람에 따라 방사선에 대한 감수성이 다르기 때문에 그런 대집단의 평균치와 유효선량을 이용해서 개인이 암에 걸릴 확률을 예측한다 해도 신뢰할 수 있는 결과는 얻을 수 없다.

6-10 내부피폭은 외부피폭보다 위험한가?

A

결론부터 말하면 방사성 물질이 체내에 들어와 받는 방사선이든, 외부로부터 조사되는 방사선이든, 조직이나 기관이 받는 방사선의 양(등가선량)이 같다면 어느 쪽이 보다 위험하다고 할 수는 없다. 왜냐하면 세포가 방사선에 의해 암에 관련된 돌연변이를 일으킬 확률은 방사선이 몸 밖에서 오든, 몸 안에서 나오든 전혀 관계 없기 때문이다.

그러나 방사성 물질이 방출하는 방사선 중에는 몸의 밖에서 조사하면 몸의 내부에는 거의 영향을 주지 않는 투과성이 약한 방사선이 있다. 그 대표적인 것이 알파선이다. 몸 밖에서 들어온 알파선은 거의 피부 안쪽에 도달하지 않지만, 몸 안에 알파선을 방출하는 방사성 물질이 들어오면, 그 주위 세포가 방사선 가중계수 수치가 큰 알파선으로 조사된다.

이러한 경우에는 방사선이 몸 밖에서 오는가, 그 방사선을 내는 방사성 물질을 몸에 흡수하는가에 따라 조직이나 기관이 받는 방사선의 양이 완전히 달라진다. 알파선을 내는 방사성 물질이 인체에 들어와 피해를 입히는 예로는 야광시계 숫자판에 라듐이 함유된 형광도료를 칠하던 사람들이 입술로 붓끝을 뾰족하게 만들어 야광(라듐) 도료를 칠하다 라듐을 조금씩 삼키게 되었는데, 턱의 골육종 및 재생불량성 빈혈로 사망한 예가 유명하다.

제2차 세계대전 무렵까지, 토로트라스트라는 토륨의 조영제(X레이 검사에서 혈관을 촬영하기 위해 혈관에 주입하는 엑스선 흡수가 큰 물질로 된 약품)가 사용되었는데 토륨의 알파선 영향으로 조영제 입자를 받아들인 간 세포 주위에 간암이 발생한 사례가 있다.

최근 석조건물이 많은 유럽과 미국에서 실내 공기 중의 라돈(알파선을 방출하는 방사성 가스로 암석이나 콘크리트에서 공기 중으로 방출된다) 농도가 문제되고 있는 것도 라돈이 호흡을 통해 폐에 들어오면 폐 세포를 알파선으로 조사하기 때문이다. 그래서, 이 질문이

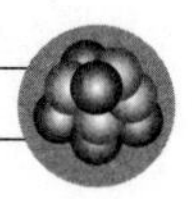

"같은 방사성 물질에서 방사선을 받는 경우에는 몸 밖에서 받는 것보다 방사성 물질이 몸 안으로 들어와 받는 쪽이 위험한가?"라는 의미로 질문한 것이라면, "그런 경우도 있다."는 대답이 된다.

투과성이 약한 방사선 중 에너지가 낮은 베타선이나 감마선의 작용으로 발생한 전자는, 물질 속에서 멈추기 직전에 비교적 좁은 범위로 합쳐진 전리나 여기를 일으키는 것으로 알려져 있다.

그 때문에 때마침 그러한 전리나 여기가 합쳐져 일어나는 곳이 DNA 근처에 있으면 DNA에 복구하기 어려운 상처가 생기기 쉽다. 결과적으로 같은 흡수선량으로도 생물학적 효과가 높아지는 것이다. 이런 투과성이 약한 베타선과 감마선을 방출하는 방사성 물질도 외부피폭에는 거의 관련이 없지만, 인체에 흡수된 경우에는 신체 내부에서 피폭이 일어나기 때문에 더 강한 영향을 끼친다고 할 수 있다.

6-11 방사선에 노출되면 자손에게 영향이 있는가?

A

방사선에 의한 돌연변이가 생식 세포에 생기면 자손에게 그 돌연변이 형질이 유전되는 것은 아닐까? 혹은 유전병에 관계하는 돌연변이가 생기는 것은 아닐까? 이런 의문은 냉전 중 동서 양 진영이 대기권 내 핵실험을 하던 시대에 대두되었다.

많은 사람이 방사성 강하물로부터 조금씩 방사선을 받아, 아주 조금씩 손상을 입은 유전자를 가진 아이가 태어나고 그 아이들이 다시 많은 손상을 입은 유전자를 가진 아이들을 만든다.…라는 공포영화에서나 나올 법한 내용이 진지하게 의논됐다.

그리고 1958년에 국제방사선방호위원회(ICRP)의 방사선 방호의 기본권고(Publication 1)가 발표되었다. 출산할 때까지 생식선(生殖腺)에 받는 선량을 어떻게 제한할 것인가 하는 기준에 기초해 만들어졌다.

사람도 동물도 방사선과는 전혀 관계없는 유전병을 가진 경우가 있다. 사람의 경우 주된 유전병의 발생 빈도는 1만명 중 1~10명 남짓이라 한다. 그래서 방사선이 자손에게 미치는 영향으로서 어느 정도의 방사선을 생식선이 받으면, 이 자연적 유전병 발생률과 같은 정도의 유전병을 일으키는지를 방사선의 유전적 영향의 기준으로 할 수 있다. 이것을 '배가선량'이라 한다.

단, 사람을 실험 대상으로 배가선량을 결정할 수 없기 때문에 동물실험 결과에 기초해서 추정하여 산출한다.

그 결과 사람의 경우 배가선량은 매우 큰 값임을 알게 되었다. 예를 들면 1986년에 출판된 「원자방사선의 영향에 관한 UN과학위원회 보고서」에는 사람의 배가선량을 1그레이로 평가하고 있다.

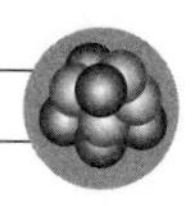

오늘날 방사선을 취급하는 사람이 받는 방사선의 양은 1년에 50밀리시버트(단, 5년간 100밀리시버트) 이하가 되도록 관리되고 있다. 그러므로 하복부에 생긴 암을 치료하기 위해 방사선을 조사하는 경우를 제외하고는, 사람의 생식선이 출산하기까지 생식선에 1 그레이의 방사선을 받는 경우는 생각할 수 없다.

그래서, 국제방사선방호위원회도 1977년부터는 유전선량을 특별히 중시하지는 않고, 모든 조직이나 기관에 암이 유발되는 것을 억제하는 쪽에 방사선 방호의 기본을 두고 있다.

6-12 요오드(^{131}I)는 갑상선암을 일으키는가?

A

방사성 요오드(^{131}I)의 반감기는 8일이다. 제논(^{131}Xe)의 다양한 여기 상태에 베타 붕괴하여 그 여기 상태가 완화될 때 여러 가지 에너지를 가진 감마선을 방출한다. 요오드는 갑상선 호르몬에 포함된 원소이므로 인체의 갑상선에 모이는 성질이 있다. 그 때문에 요오드(^{131}I)을 음식물과 함께 섭취하면 대략 그 3분의 1 정도가 갑상선에 모이기 때문에 갑상선이 가장 많은 방사선을 받는다. 체르노빌 원전 사고 당시에는 약 5천명의 어린이들에게 갑상선암 환자가 발견되었다.

갑상선에 방사성 요오드가 흡수되는 것을 줄이기 위해 안정 요오드제(비방사성의 요오드화칼륨)를 투여하는 것은 현재도 널리 알려져 있으며, 후쿠시마 원전 폭발사고 후 많은 인터넷 판매 사이트가 생겨났다. 그러나 요오드화칼륨은 극약으로 지정되어 있는 의약품으로 갑상선 기능이나 신장 기능에 장해를 가진 사람이나, 요오드 알레르기가 있는 사람에게는 신중한 투여가 필요하다. 또한 임산부나 수유부에게 투여하면 태아나 유아에게 갑상선 기능 저하증 등을 일으킬 위험이 있으므로 복용할 때는 의사의 처방을 받을 필요가 있다. 그리고 방사선에 의한 갑상선암 유발 위험은 40세 미만에 한정되기 때문에 40세 이상의 사람에게 안정 요오드제를 투여해도 부작용 위험보다 나은 결과를 얻기는 어렵다고 생각된다.

갑상선을 방사성 요오드로부터 보호하려면 방사성 요오드를 섭취하기 전이나 섭취한 직후에 안정 요오드제를 복용해야 효과적이다. 방사성 요오드를 섭취한 후 시간이 경과함에 따라서 방호효과는 급속도로 약해진다. 또한 요오드 용액이나 요오드계 액체 가글약을 마셔도 요오드의 함유량이 낮아서 별로 효과를 기대할 수 없으며 이들은 내복약으로 사용하

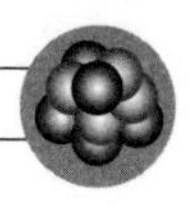

는 약제도 아니다. 후쿠시마 제1 원자력 발전소의 사고 시에는 인터넷에 떠도는 '소문'을 곧이곧대로 받아들여 요오드계 가글약을 마시고 오히려 몸을 해친 사람도 나왔다.

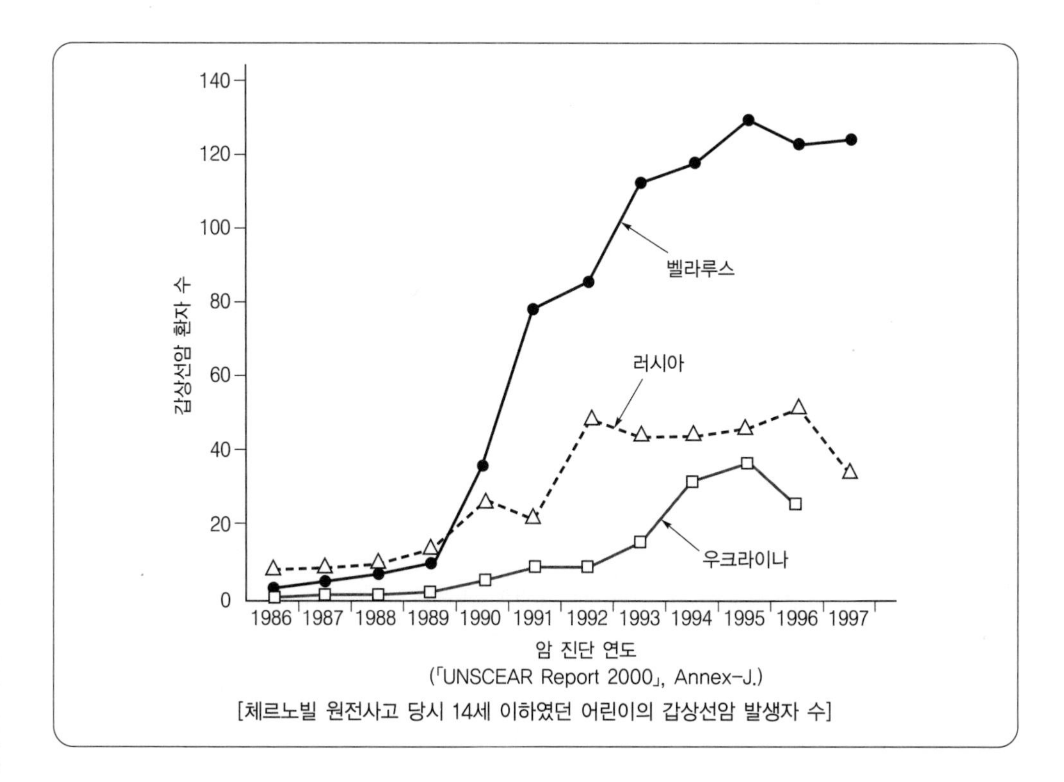

[체르노빌 원전사고 당시 14세 이하였던 어린이의 갑상선암 발생자 수]

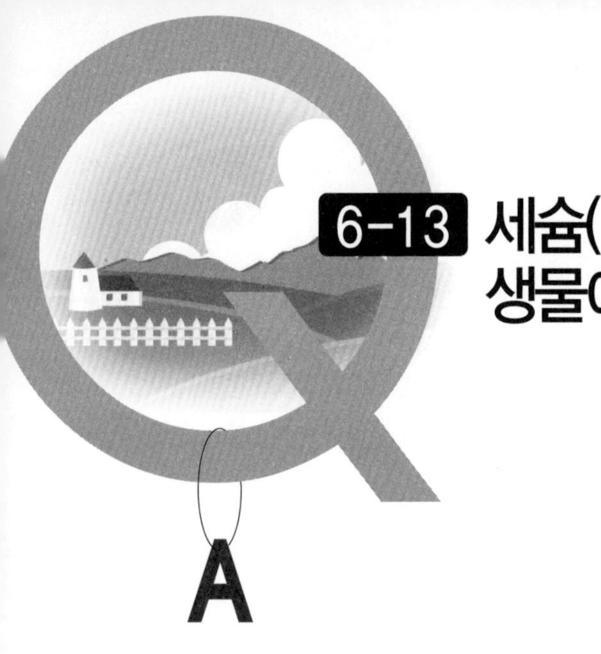

6-13 세슘(^{137}Cs)도 수은처럼 생물에 농축되는가?

A

세슘은 나트륨이나 칼륨과 유사한 화학적 성질이 있어서 사람의 몸 안에서 동일한 대사를 한다. 체내의 칼륨은 90% 정도가 세포액 안에 존재하고, 나머지는 뼈나 세포 외의 체액에 존재한다. 그 때문에 칼륨은 근육조직 등에 많이 분포되어 있다. 우리들은 매일 식사로 칼륨을 섭취하고 땀이나 대소변으로 배설하여 체내의 칼륨 농도를 거의 일정하게 유지하고 있다. 만약 이 대사의 균형이 깨지면, 고칼륨혈증과 같은 병이 생긴다.

세슘은 칼륨과 달리 인체의 대사에 필수 원소가 아니지만, 체내에 섭취되면 거의 칼륨과 동일한 대사과정을 거친다. 그 때문에 체내에 섭취되면 주로 근육조직에 분포하며 소변이나 대변과 함께 배설된다. 그러므로 수은이나 그 외의 중금속처럼 체내의 특정 기관에 축적되지는 않는다.

방사성 세슘을 체내에 섭취했을 경우 어느 정도 기간이 경과한 후 배설될까? 1960년대에 동물과 인간을 대상으로 실험한 결과, 섭취한 양의 절반을 인체에서 배설하는 데 필요한 기간이 110일 정도임이 밝혀졌다.

또한 이들 실험에서는 안료인 프러시안 블루(블루 블랙의 잉크에 사용되고 있는 안료. 단, 결코 잉크를 마셔서는 안 된다)를 연속적으로 경구투여하면 방사성 세슘의 배설이 거의 두 배 촉진되는 것도 확인되었다.

후쿠시마 제1 원자력 발전소의 사고로 해산물의 '생물농축'을 걱정하는 사람도 있었다. 그러나 어류나 그 외 해산 생물도 사람과 같이 칼륨을 대사하기 때문에 가식 부분(근육) 안의 방사성 세슘 농도는 해수중의 방사성 세슘 농도와 평형 상태에 있어, 조개 껍데기에 칼슘을 축적하듯이 방사성 세슘을 축적하는 일은 없다.

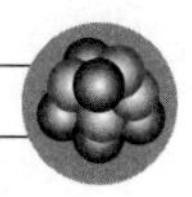

단, 일단 방사능 농도가 높은 해수 속에서 살면 체내의 방사성 세슘 농도도 해수의 농도를 따라 상승한다. 때문에 방사능 농도가 낮은 해수로 돌아와도, 체내의 방사성 세슘 농도가 해수와 같아지려면 시간이 걸린다. 다행히도 해수에서 생식하는 생물은 끊임없이 염분을 배설해야 하므로 배설에 필요한 시간은 인간의 절반 이하밖에 걸리지 않는다.

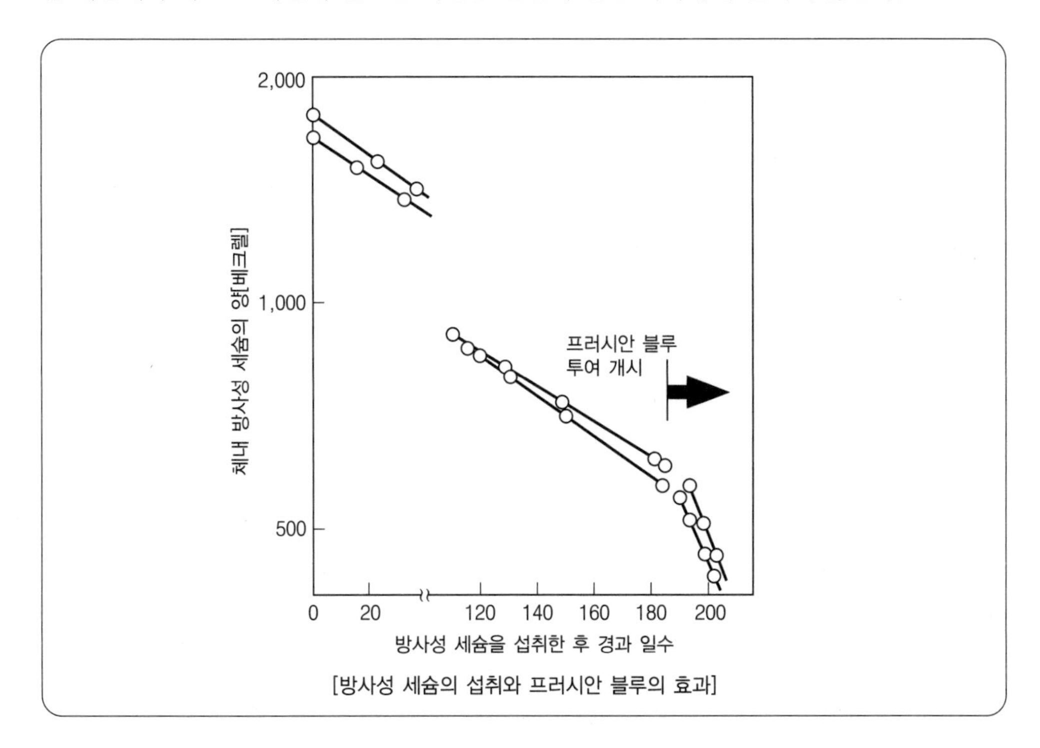

[방사성 세슘의 섭취와 프러시안 블루의 효과]

시버트로 개인이 암에 걸릴 가능성을 추정할 수 없다

유효선량은 전문가들 사이에서도 오해를 불러일으킬 소지가 많은 수치이다. 그 중 가장 심한 것은 유효선량에 ICRP의 리스크 계수(1시버트당 5%의 과잉의 암이 발생한다)를 이용해서 개인이 받은 유효선량을 기준으로 장래 암에 걸릴 가능성이 어느 정도 증가했는지를 평가하거나, 방사성 물질로 오염이 큰 구역에 사는 사람 중 몇 명이 암에 걸릴 것인가를 예측하는 것이다. 유효선량이 이러한 목적으로 이용될 수 없는 것은 그 정의를 보면 분명해진다. 유효선량은 표준체격의 성인 남녀가 받는 조직이나 기관의 등가선량을 조직의 가중계수로 곱하여 합하고, 거기에 남녀의 평균치를 취해서 구한다.

유효선량을 구하는 기관에는 남성의 기관인 전립선이나 고환의 등가선량도, 여성의 기관인 난소나 자궁경부의 등가선량도 동등하게 포함되어 있다. 그러므로 당신 개인이 장래에 암에 걸릴 가능성이 어느 정도인지 추측할 수 있을 리 없다(남성이 유방암을, 여성이 전립선암을 염려하는 것은 어리석다).

방사선 작업자가 착용하는 개인 선량계는 마이크로시버트 단위의 유효선량을 표시한다. 개인 선량계가 나타낸 수치는 어떤 의미가 있는 것일까. 그 사람이 스모 선수처럼 거구일 경우와 패션 모델과 같은 날씬한 사람일 경우, 개인선량계가 같은 값을 나타내더라도 조직이나 기관이 받는 등가선량은 몇 배나 차이가 있다. 개인 선량계의 수치는 누가 착용하든지 만약 표준적인 체격의 남녀가 그 장소에 있다면 그 남녀의 조직이나 기관이 받는 등가선량을 조직가중계수로 곱하여 합한 것을, 남녀 평균한 수치가 된다. 이와 같은 수치로 개인 선량을 관리할 수 있는 것은 방사선 작업자의 선량한도가, 실제로 건강 영향이 발생하는 방사선의 양보다 훨씬 낮은 값(대략 20분의 1 이하)이기 때문이다.

7장

방사선에 대한 안전규제

7-1 국제방사선방호위원회 (ICRP)는 어떤 기관인가?

A

인류는 뢴트겐이 엑스선을 발견한 직후부터 방사선을 여러 가지 목적으로 이용하기 시작했다. 그러나 그 무렵에는 방사선이 건강에 유해한 영향을 줄 수 있다는 것을 몰랐기 때문에 많은 사람이 방사선의 피해를 받았다.

그래서 1925년 런던에서 제1회 국제방사선의학회의가 열렸을 때, 엑스선과 라듐의 방호에 관한 위원회가 설립되었다. 이것이 오늘날의 국제방사선방호위원회(ICRP)의 시작이었다. 위원회는 1928년의 제2회 국제방사선의학회의에서 엑스선이나 라듐을 취급할 때의 방호기준을 처음으로 권고하였다.

위원회는 제2차 세계대전 중 활동을 중단했지만, 전쟁 후 ICRP의 명칭으로 활동을 재개해서 서서히 활동 영역을 넓혀 왔다. 현재에는 주위원회 상하에 다섯 개의 전문위원회(방사선의 영향, 방사선 방호의 선량, 의료의 방사선 방호, 위원회 권고의 적용, 환경의 방사선 방호)를 두고, 기본 권고만이 아닌 방사선 방호에 관련한 여러 자료도 편찬하고 있다. ICRP 자체는 연구조직이 아니지만, 위원이나 전문위원이 관련분야 연구자의 협력을 얻어 그러한 자료를 작성하고 있다. ICRP는 정부기관이나 국제연합의 기관으로부터 독립된 전문가 조직으로 소위 NGO와 같은 것이다. 그러나 각국의 행정기관은 ICRP가 그 창립 이래 해온 역할과 실적을 중시해 ICRP의 권고를 법령에 반영시키려고 노력하고 있다. 1960년부터는 국제연합의 국제원자력기관(IAEA)가 ICRP의 권고에 기초한 기본안전기준(BSS)을 발표함에 따라 IAEA의 가맹국에게는 기본안전기준을 통해 ICRP의 권고를 받아들여야 하는 도의적인 책임이 생겼다고 할 수 있다.

현재 일본에서는 주위원회 외에 모든 전문위원회에도 위원이 참가하고 있다. 그러나, ICRP 위원은 정부나 학계에서 파견되는 것이 아니라 개인 전문가로서 초빙된다.

7-2 방사선 안전 구조는 어떻게 되어 있는가?

A

방사선은 우주의 시작부터 존재하였고 항상 우리를 둘러싸고 있는 자연의 일부이다. 그러므로 모든 방사선을 관리하는 것은 불가능하다. 그래서 방사선 안전 구조는 방사선의 근원이나, 사람이 방사선을 받는 조건 중 적어도 한 쪽을 제어할 수 있는 경우만을 대상으로 한다.

체내에 존재하는 방사성 칼륨에서 받는 방사선이나 지표에 도달하는 우주선 등은 합리적으로 제어할 수 없기 때문에 그로부터 받는 방사선의 양이 아무리 커도 관리의 대상이 될 수 없다. 그러나 항공기 승무원이 높은 하늘 위에서 받는, 지상보다도 강한 우주선은 탑승시간을 제한하는 것으로 제어할 수 있기 때문에 자연 방사선이더라도 방사선 안전의 대상이 된다. 또한, 암석이나 콘크리트에서 방출되는 라돈도 자연 방사성 물질이지만, 실내의 라돈 농도는 환기 등으로 조절할 수 있기 때문에 북유럽에서는 방사선 안전의 대상으로 하고 있는 나라가 확대되고 있다.

현재 방사선 안전의 개념은 방사선으로 인해 생기는(생길지도 모르는) 건강에 미치는 영향을 크게 두 가지로 나누고 있다. 하나는 비교적 많은 방사선을 받았을 때 생기는 방사선 조직반응이고, 또 다른 하나는 적은 방사선으로도 일어날지 모르는 암이나 유전병 유발이다. 전자의 경우, 받은 방사선이 일정 양을 넘은 때에만 증세가 나타난다. 그러므로 증세를 일으키는 최소한의 양보다 방사선 노출을 낮게 유지하면 안전을 확보할 수 있다. 반면, 후자는 받은 방사선의 양에 비례해서 발증의 확률이 증가하는 모델(LNT 모델)에 기초해 리스크를 충분히 낮게 유지하는 것을 목표로 하고 있다.

그러나, 리스크가 충분히 낮은가에 대한 판단은 개인의 가치관에 속하는 주관적인 것이어서 누구나 받아들일 수 있는 객관적인 기준이 될 수는 없다. 그래서 방사선의 이점이 방사선 노출로 인한 리스크보다 더 중요시 되면 안 된다는 '정당성'의 논리기준이 설정되었다. 단, 누구의 이익이고 누구의 리스크인가라는 점을 지나치게 논쟁거리로 삼으면 에고이즘의 충돌이 일어날 수 있다.

반대로 사회의 이익을 위해 개인에게 희생을 강요해도 된다는 전체주의적인 사고방식도 허용되지 않는다. 그래서 사회의 이익과 방사선에 노출된 사람들의 리스크 조화를 상식적으로 판단하지 않으면 안 된다. 더 나아가 방사선을 이용할 때에는 방사선이 초래하는 리스크를 합리적인 노력의 범위내에서 가급적 축소시키기 위한 '최적성'의 윤리기준이 마련되어 유효선량을 이용해서 리스크를 비교하는 구조가 도입된 것이다.

그러나 최적성만을 추구하면, 특정 사람에게만 방사선을 받게 하는 편이 사회 전체의 리스크를 줄일 수 있다고 하는 불공평을 낳을 수도 있다. 그러므로 사람이 1년간에 한도 이상의 방사선을 받지 않도록 하려는 제한(선량한도)을 설정하여 극단적인 불공평이 생기지 않도록 하고 있다. 즉, 선량한도는 결코 '안전'과 '위험'의 경계선을 의미하는 것이 아니라, 방사선의 리스크로 인한 극단적인 불공평의 발생을 방지하기 위한 것이다. 따라서 긴급한 사태가 발생되었을 때에는 더 큰 '한도'를 특별히 설정할 수 있다.

현재, 방사선 작업을 하는 사람들에게는 1년에 50밀리시버트(단, 5년에 100밀리시버트)라는 선량한도를 국제방사선방호위원회(ICRP)에서 권고하고 있고, 일본의 법령에도 도입되어 있다.

국제방사선방호위원회는 방사선 작업을 하지 않는 일반 사람들이 1년간 받는 방사선량을 1밀리시버트로 제한할 것을 권고하고 있다. 그러나 일반 사람들은 방사선 작업을 하는 사람들처럼 선량계를 착용하고 노출된 방사선의 양을 관리할 수 없기 때문에 이 '한도'는

[방사선 종사자의 선량한도]

한도의 종류	노출 부위	한도의 값
유효선량 한도	전신 여성의 전신	50mSv/년 (100mSv/5년) 50mSv/3월
등가선량 한도	수정체 피부 임신 중인 여성 복부	150mSv/년* 500mSv/년 2mSv/임신기간

*ICRP는 2011년 4월에 수정체의 선량한도를 20mSv/년으로 낮추는 성명을 발표했다.

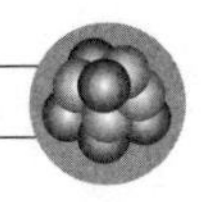

일반인 1명에 대한 한도가 아닌 방사선을 사용하고 있는 시설에 대한 환경기준(시설의 주변에 미치는 영향에 대한 규제)이라고 봐야 한다.

만약 일반인 한 명이 1년 동안 받는 방사선의 양이 1밀리시버트로 제한되고 있다고 하자. 그러면, 업무 시에 2밀리시버트의 방사선을 받아버린 방사선 작업자는 근무를 끝낸 순간, '방사선 노출 한도를 넘어선 일반인'이 된다는 모순이 생긴다. 또한 방사선 작업을 하는 사람이 일반 사람보다 방사선의 영향을 받지 않는 체질을 가지고 있을 리는 없다. 그리고 그 사람들의 월급에 방사선을 많이 받은 것에 대한 보상이 포함되어 있는 것도 아니다. 방사선을 다루는 일에 종사하는 사람과 일반인 사이에 다른 양의 선량한도를 적용하는 것은 정말 불합리하다.

앞에서 설명한 것처럼 방사선 안전의 구조는 '정당성'과 '최적성'이라는 두 가지의 윤리기준과, '선량한도'(방사선 작업을 하는 사람의 선량한도와 방사선 시설이 지켜야 할 환경기준)를 기초로 해서 만들어지고 있다.

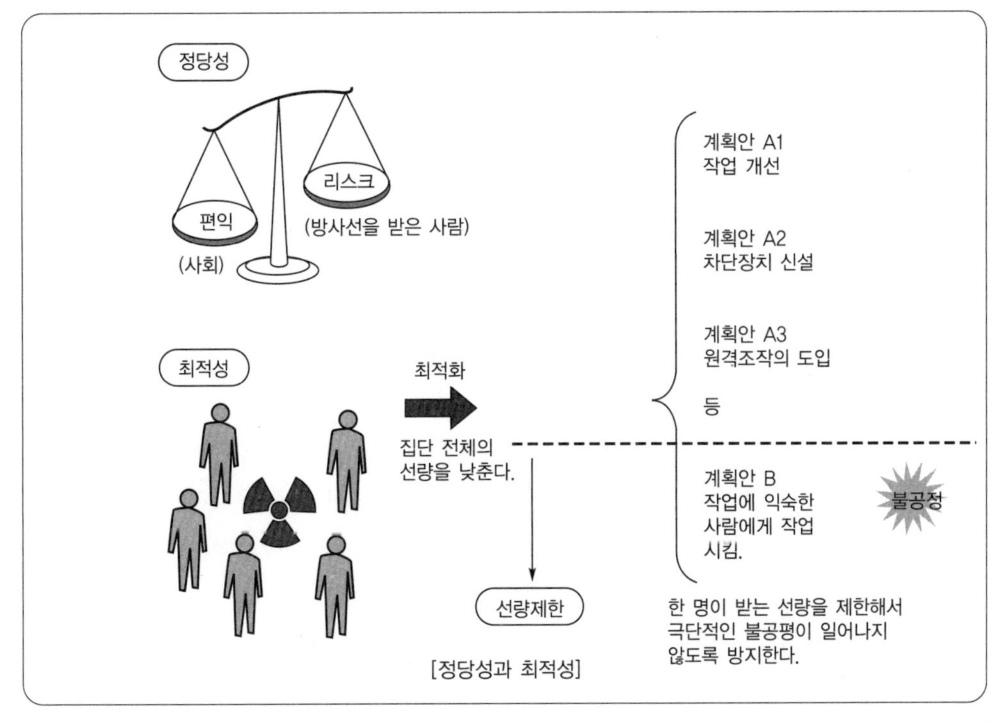

[정당성과 최적성]

7-3 선량제한 수치는 어떻게 결정했는가?

A

세계에서 최초로 선량제한을 결정한 것은 미국의 '엑스선 및 라듐의 방호에 관한 자문위원회(현재의 미국방사선방호위원회 NCRP의 전신)'로, 1931년에 권고한 수치는 1일에 0.2뢴트겐으로 제한되었다. 뢴트겐이라는 방사선 양은 1928년에 국제적인 약속에 의해 처음으로 정해진 엑스선의 양으로, 1뢴트겐은 오늘날의 10밀리그레이에 해당된다.

이 제한의 근거는 전염병 연구학자인 A. 머첼라가 1925년에 발표한 연구결과에 따른 것이다. 그는 한달에 피부 홍반을 일으키는 양의 1 % 이하밖에 엑스선을 받고 있지 않는 X레이 기사나 의사에게는 피부에 상해가 발생하지 않는다는 조사 결과를 발표했다.

성인의 피부에 홍반을 생기게 하려면 약 600뢴트겐이 필요하므로 피부의 상해를 방지하는 기준으로 1일에 0.2뢴트겐이라는 한도가 정해진 것이다. 동일한 선량한도는 수년 후에 국제엑스선 및 라듐방호위원회(현재의 국제방사선방호위원회 ICRP의 전신)에서도 채택되었다.

1일에 0.2뢴트겐(약 2밀리그레이)의 엑스선을 1주일에 5일, 1년에 50주 받으면, 1년간 약 500밀리그레이의 엑스선을 피부에 받게 된다. 엑스선은 방사선 가중계수의 수치가 1이기 때문에 1931년에 도입된 선량제한은 현대 피부의 등가선량한도(1년에 500밀리시버트)와 거의 같은 것이었음을 알 수 있다. 즉, 방사선 작업자의 피부 선량제한 수치는 거의 80년에 걸쳐 사용되어 왔고, 그 동안 이 한도를 지킨 사람들을 피부의 상해로부터 지켜주었다.

그리고 더욱 투과성이 강한 엑스선이 사용되게 되면서, 체내 조혈 조직에 미치는 장해(백혈병)를 생각해서 한도 수치를 1/2로 내렸고, 1940년대의 맨해튼 계획(원자폭탄 제조

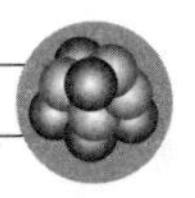

계획)으로 많은 사람이 핵물질 방사선에 노출된 것을 계기로 1일 0.02뢴트겐까지 내렸다.

이 수치가 현대 방사선 작업자의 선량한도(1년에 50밀리시버트)의 기초가 되었음은 말할 필요도 없다. 제2차 세계대전 후에 활동을 재개한 ICRP도 같은 선량한도 수치를 권고하였다. 즉, 현재 사용되고 있는 방사선 작업자의 유효선량한도는 거의 60년 이상에 걸쳐 사용되어 온 셈이다.

단, 선량한도의 수치 그 자체는 처음 정해진 것과 거의 변함이 없다. 하지만 그 수치의 의미(또는 해석)는, 시간이 지남에 따라 바뀌어 왔다. 1940년대에서 1950년대 전반까지는 주로 백혈병 방지를 목적으로 선량한도를 제한했다.

그 이유는 피부상해의 문제가 해결되면서 다음으로 문제가 된 것은 항상 엑스선을 취급하는 X레이 기사나 의사들의 백혈병이었기 때문이다.

그러나 1950년대 냉전 시대에 들어서면서 동서 양 진영이 대기권 내 핵실험을 빈번하게 했기 때문에 주로 북반구 전역에서 방사성 강하물이 관측되게 되었다. 많은 사람들이 조금씩 방사선을 받으면서 인류의 생물종으로서의 유전자가 훼손되는 것은 아닐까 우려하게 되었다.

그래서 관찰 집단에 속한 남녀가 아이를 갖기까지 생식선에 받는 방사선 양의 합계(집단의 생식선 선량=유전선량)에 주목해 1년에 오늘날의 50밀리시버트에 상당하는 선량한도의 수치를 방사선 작업자의 집단 유전선량의 제한과 결부해서 해석하게 되었다. 그 때 방사선 작업자보다 훨씬 많은 수의 일반 시민에 대해서는 일반인과 방사선 작업자 집단의 유전선량이 공평하게 되도록 방사선 작업자의 10분의 1에 상당하는 선량제한을 설정하게 되었다.

원폭 방사선을 받은 사람들의 추적조사로 높은 암 발병률이 밝혀지기 시작하면서 돌연변이 배가선량이 피부의 선량한도보다 크다는 것이 알려졌다. 생식선이나 조혈조직 방호만을 생각할 것이 아니라, 여러 조직이나 기관에 유발되는 암의 리스크도 폭넓게 생각할 필요가 생긴 것이다.

그 관리를 위해 1977년에 오늘날의 유효선량의 기초가 된 방사선의 양(유효선량 당량)이 도입되었고, 이후에는 방사선 안전의 주요한 목표가 암 유발 방지로 바뀌었다. 그 때, 방사선 작업자의 선량한도는 비교적 안전한 직업의 업무재해 리스크와 방사선에 의한 암

[선량 당량의 변천]

시기	목적	제한치
1931년	피부의 방호	0.2R/일(≈2mGy/일)
1936년	백혈병의 방호	0.1R/일(≈1mGy/일)
1940년대	백혈병의 방호	0.02R/일
1950년대	유전적 영향의 방호	5rem/년(=50mSv/년)
1977년	암의 방호	50mSv/년
1990년	암의 방호	50mSv/년, 100mSv/5년

유발 리스크를 비교해서, 1년에 50밀리시버트라는 수치를 지속시키게 되었다. 암의 유발은 방사선을 받은 개인만의 문제이기 때문에 집단선량의 균형을 목적으로 도입된 일반인의 보다 낮은 선량한도는, 이때 의미를 잃었다.

그러나 그 수치는 다른 이유로 유지되었고, 다시 1985년에 현재의 1년에 1밀리시버트로 내려졌다. 그 후, 국제방사선방호위원회는 1990년과 2007년에 방사선 가중계수와 조직 가중계수 수치를 재검토하여 평생 리스크에 기초한 선량한도라는 개념을 도입하였다. 하지만, 5년간 100밀리시버트라는 보조적인 한도를 1990년에 도입한 것을 제외하면 1년에 50밀리시버트라는 방사선 작업자의 선량한도 수치는 유지되었다.

필자의 솔직한 의견을 밝히자면, 이러한 이론보다 선량제한 수치가 60여년에 걸쳐 사용되었고, 그 동안 한도를 지킨 사람들의 안전을 지킬 수 있었다는 실적이야말로 현재 사용되고 있는 한도의 유효성을 보증하는 것이라고 생각한다.

7-4 일반인이 1년간 노출되어도 지장 없는 방사선의 양은 어느 정도인가?

A

후쿠시마(福島) 원전 사고 후 이러한 질문을 몇 번이나 받았다. 노출되어도 지장없는 방사선 양은 1년간 1밀리시버트라는 제한적인 수치이다. 그러나 지금까지 여러번 말했듯이 1년 1밀리시버트라는 수치는 방사선 시설이 지켜야 할 시설기준 또는 환경기준이지, 일반인 한 명이 받는 방사선 양을 제한한 것은 아니다.

게다가 이 수치는 방사선 작업에 종사하는 사람이 받는 방사선 양에 대한 제한 수치의 50분의 1밖에 되지 않는다. 1년에 50밀리시버트라는 선량한도의 안전성이 방사선 작업에 종사하는 사람을 기준으로 할 때 60년 이상에 걸쳐서 '실적'으로 입증되어 있다. 1년에 50밀리시버트라는 방사선의 양조차 '안전'과 '위험'의 경계보다 충분히 낮은 것이기 때문에 1년에 1밀리시버트라는 방사선을 받았다고 해서 건강에 크게 지장이 있을리는 없다. "지장이 있다."는 것은 "상태에 나쁜 일이 생기거나 방해가 되는 일이 생기는 것을 말한다." 그러니까 "일반인이 1년간 받아도 지장이 없는 방사선의 양"을 물어온 사람의 대부분이, 1년간 받는 방사선의 양이 1밀리시버트를 아주 조금이라도 넘으면 암이나 그 외 나쁜 일이 생긴다고 해석해도 이상하지 않을 것이다.

사회심리학 교수에게 물어봤더니, 안전이나 위험에 관한 정보를 받은 때-예를 들면 "즉시 건강에 영향을 주는 양이 아니다."라는 말에 대해서 "그럼 언젠가는 병이 될 수도 있겠네요."라고 반응하는 것처럼-사람은 자칫 그 말의 '이면'을 생각하기 쉽다고 한다.

남이 쓴 문장을 분석하는 것은 좋지 않은 일이지만, 사전을 열어보는 수고를 아끼지 않는다면, 한눈에 그 표현이 부적절하다는 것을 알 수 있다. 심각한 와전의 씨앗을 뿌렸다는 점에서 필자를 포함한 이 분야 전문인들은 반성의 계기로 삼아야 된다고 생각한다.

단, 이 1년에 1밀리시버트라는 수치가 지금까지도 너무 자주 '안전'과 '위험'의 경계선인 듯한 수식어를 붙여 사용해 온 것도 사실이다. 그 원인 중 하나는 국제방사선방호위원회가 권고 속에 'dose limit for members of the public(대중을 위한 제한량)'이라는 표현을 사용해온 점에 있는지도 모른다.

우리는 이것을 '일반 대중의 피폭한도'라 직역해 왔다. 필자와 같이 영어를 모국어로 하지 않는 사람에게는 이 직역과 원문의 뉘앙스 차이를 알 수 없지만, 직역밖에 볼 기회가 없는 사람이 한도라는 말을 "넘어서는 안 된다."라는 의미로 해석하는 것은 당연하다고 생각한다.

7-5 배수중이나 배기중의 방사성 물질의 규제치는 어떻게 결정했는가?

A

방사선 시설의 배수로를 통해 유출되는 방사성 물질의 농도는 방사선 시설이 주변 환경에 미치는 영향의 기준인 1년에 1밀리시버트 이하라는 수치에 근거해서 정해져 있다. 구체적인 농도 수치를 결정하기 위해서 아주 엄격한 시나리오가 준비되었다. 특정 농도의 방사성 물질이 포함된 물을 1년간 계속 마셨다고 가정할 때, 몸에 흡수된 방사성 물질에서 받는 방사선의 양(내부피폭의 유효선량)이 1밀리시버트가 되는 농도를 배수중 방사성 물질의 농도규제치로 한 것이다.

단, 1년 동안 마시는 물의 양은 연령이나 체격에 따라서 다르기 때문에 3세 미만의 1일에 대략 1.5리터부터 성인의 1일에 2.5리터 이상까지 몇 단계로 구분하여 전 연령층의 평균을 구했다.

방사선 시설의 배기에 섞인 방사성 물질의 농도도 이와 똑같이 그 농도의 방사성 물질을 포함한 공기를 1년간 마신다고 할 때, 몸에 들어온 방사성 물질에서 받는 방사선의 양(내부피폭의 유효선량)이 1밀리시버트에 달하는 농도를 규제치로 하였다.

단, 1년에 호흡하는 공기의 양도, 연령이나 체격에 따라 달라지므로, 1살 아기의 1일 5천리터 이상부터 성인의 1일 2만리터 이상까지 몇 단계로 구분하여 전 연령층에서 평균을 구했다.

방사선 시설에서는 배수를 일단 탱크에 저장하고, 배수중인 방사성 물질의 농도가 이 한도를 넘지 않도록 관리하고 있다. 또한 배기설비에는 고효율 필터 등을 설치해서 방출되는 방사성 물질의 양을 최대한 억제함과 동시에 배기중인 방사성 물질의 농도를 항상 모니터링해서 3월간에 평균농도가 배기중 농도한도를 넘지 않도록 관리하고 있다.

물론 배수구에서 흘러나온 물을 그대로 마시는 사람이나, 배기구에서 내뿜는 공기를 계속해서 마시는 사람은 없을 것이다. 방류된 배수가 돌고 돌아서 음료수가 될 때는 훨씬 희박해질 것이다.

방출된 배기도 바람에 실려가는 중에 확산되고, 풍향도 항상 일정하지 않기 때문에 시설 밖의 사람에 미치는 내부피폭은 1년간에 1밀리시버트보다 훨씬 더 작아질 것이다.

후쿠시마 원자력 발전소의 사고에 관한 보도에서는 '배수중의 방사성 물질의 규제치'와 비교하는 외에 '운전중인 원자로 물의 수 십 만 배 농도의 물'이라는 표현이 사용되었다.

그러나 원자로 속의 핵연료는 금속 용기에 이중으로 밀봉되어 있기 때문에 운전중에 핵분열로 생긴 방사성 물질이 냉각수 안에 누출되는 일은 없으며, 원자로의 물에는 여러 가지 재료와 불순물로서 포함되어 있는 우라늄에서 나오는 극히 미량의 핵분열 생성물만 존재한다. 원자로의 물은 항상 모니터링되고 있기 때문에 만약 방사성 요오드나 방사성 세슘이 검출된다면, 핵연료에 손상이 생긴 것으로 원자로를 멈추고 대처해야만 한다. 앞에서와 같은 표현은 정상적인 원자로의 상태에 대한 오해의 소지가 있어 적절하지 않다고 생각한다.

7-6 식품 속 방사성 물질의 규제치는 어떻게 결정했는가?

A

후쿠시마 제1 원전 사고에 처하여 식품이나 수돗물에 포함된 방사성 물질에 관한 '잠정기준'이 정해졌다. 그 기준은 사람이 음식물을 통해서 인체에 들어오는 방사성 물질로부터 받는 방사선 양을 건강에 영향이 없는 수준으로 제한하기 위함이다.

그러나, 어떠한 개념에 근거해 그 '잠정기준'을 결정했는가를 명확하게 설명하지 않고, "먹어도 즉시 건강에 영향을 주는 일은 없다."는 등의 애매한 설명으로 시종일관했기 때문에 여러 오해를 낳는 큰 원인이 되었다. 여기서는 이 잠정 기준의 기초가 된 개념을 살펴보자.

개념의 기본이 된 것은 국제방사선방호위원회(ICRP)가 1992년에 권고한 "대규모 방사선 사고 시에 사람들이 받는 방사선의 양을 제한하기 위한 조치(예를 들면 채소의 출하제한 등)를 어떠한 경우에 실시해야 하는지?"라고 하는 기준이다.

그 기준을 단적으로 말하면, 최초 1년 동안에 음식물을 통해 들어온 방사성 물질에서 받는 '내부피폭'이 방사선 작업을 하는 사람에 대한 연선량 한도를 넘지 않도록 하는 것과, 그 10분의 1을 넘지 않는 경우는 "일부러 대책을 강구할 필요가 없다."는 것이다. 여기서 일반인이 대상인데도 방사선 작업을 하는 사람의 한도를 이용하는 것은 이상하다고 생각하는 독자도 있겠지만, 개인이 받는 방사선 양의 제한은 원래 방사선 작업을 하는 사람에 대해서만 정해진 것이 아니라는 것을 기억해 내길 바란다([Q7-2] 참조).

그러므로 식품이나 수돗물의 방사성 물질 규제치는 최초 1년 동안의 '내부피폭'의 유효선량이, 대책이 필요한 수치인 5 밀리시버트를 넘지 않도록 하는 것을 관리목표로 하고 있다.

단, 방사성 요오드는 거의 모두 갑상선에 모이는 성질이 있으므로 방사선 작업자의 하나의 조직이나 기관의 등가선량한도(1년에 500밀리시버트)에 기초해 갑상선의 등가선량이 50밀리시버트를 넘지 않도록 하는 것이 관리 목표로 되어 있다.

음식물을 통해 방사성 물질 1베크렐이 들어왔을 때 받는 내부피폭의 기준은 국제방사선방호위원회나 국제원자력기관(IAEA)이 여러 종류의 방사성 동위원소에 대한 데이터를 공표하고 있다.

원자력 사고로 인해 여러 가지 방사성 물질이 방출되지만, 사람의 내부피폭에 가장 영향을 주는 것은 방사성 세슘, 방사성 스트론튬 및 방사성 요오드이다. 그러므로 하루 평균 어떤 음식물을 섭취하고 있는지를 알면 1년간의 내부피폭이 유효선량으로 5밀리시버트를 넘지 않고, 갑상선의 등가선량도 50밀리시버트를 넘지 않도록 하기 위해서는 음식물 속의 방사성 물질의 양을 얼마만큼 제한해야 하는지 알 수 있다.

그래서 음식물을 (1) 음료수, (2) 우유·유제품, (3) 야채류, (4) 곡류, (5) 고기, 달걀, 어패류 등 다섯 가지로 분류하고, 성인, 어린이 및 젖먹이가 하루에 섭취하는 평균량을 조사했다. 그리고 각 항목마다 1년간의 내부피폭이 1밀리시버트(5밀리시버트를 각 항목에 균등하게 할당했다.)가 되는 농도가 가장 낮은 연령 그룹의 수치를 토대로, 어림잡은 수치를 식품 속의 방사성 세슘의 '잠정규제치'로 삼았다.

방사성 요오드는 반감기가 짧고, 지표의 방사성 요오드가 쉽게 땅속에 침투하지 않는

[음식물 섭취제한에 관한 지표]

핵종	원자력 시설 등의 방재대책에 관계된 지침에 있어서 섭취제한에 관한 지표치[Bq/kg]	
방사성 요오드	음료수	300
	우유·유음료	
	채소류 (근채류와 구근류 제외)	2,000
방사성 세슘	음료수	200
	우유·유음료	
	채소류	500
	곡류	
	고기, 달걀, 생선, 그 외	

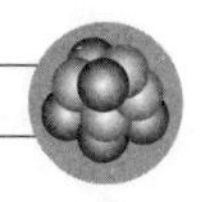

점 때문에 (1) 음료수, (2) 우유·유제품 및 (3) 근채류와 구근류를 제외한 야채류를 대상으로 했다. 각 항목마다 10밀리시버트(다른 음식물에서 들어올 가능성에 대한 여유를 생각해서 50밀리시버트의 2/3를 각 항목에 균등하게 할당했다.)가 되는 농도가 가장 낮은 연령 그룹의 수치를 토대로, 어림잡은 수치를 식품 속의 방사성 요오드의 '잠정기준치'로 하였다.

이상과 같이, 식품 속의 '잠정기준치'는 모두 가장 영향을 받기 쉬운 연령층의 사람이 매일 그 농도로 오염된 음식물만을 계속 섭취했을 때, 내부피폭이 관리 목표에 달하는 농도이므로 잠정기준의 몇 배인 식품을 몇 번쯤 먹는다고 해서 문제가 되지는 않는다.

그러므로 우연히 그러한 식품을 몇 번 먹었다고 해도 평생 건강에 대한 영향을 걱정할 필요는 없다. 왜냐하면 관리 목표의 값(유효선량으로 5밀리시버트, 갑상선의 등가선량으로 50밀리시버트)은 과거 반세기 이상 사용되어 유효성이 실증된 방사선 작업자 선량한도의 10분의 1밖에 되지 않기 때문이다.

7-7 섭취한 식품과 물의 요오드(^{131}I)가 잠정 기준 이하라도 수유를 하지 않는 쪽이 좋은가?

A

수유중인 어머니가 '잠정기준'을 만족시키는 식품이나 물을 먹었다 해도 기준 이하로 포함되어 있는 방사성 요오드가 모유에 섞이는 것은 아닐까, 불안을 느낄 수 있다.

원래 우리가 먹는 식품에는 천연 방사성 물질이 포함되어 있다. 하지만, 그런 것을 학교에서 배우지 않았던 어머니가 사고로 방출된 방사능을 아주 조금이라도 섭취하지 않으려 하는 것은 당연할 것이다.

[Q7-6]에서 설명한 것처럼 식품과 물의 잠정기준치는 60년 이상 사용되어 온 실적이 있는 수치의 10분의 1의 내부피폭을 기준으로 하고 있다. 게다가 그 농도에 오염된 식품만을 1년간 계속해서 먹고 마시는 것을 전제로 하고 있기 때문에, 그 점에서도 충분히 여유 있는 안전기준이다.

아기는 생후 3개월 정도까지는 우유만으로 성장한다. 그러므로 아기가 마시는 물(우유를 타는 물)은 더욱 안전을 고려하고 있다.

모유를 먹는 아기가 받는 방사선 양은 어머니가 기준치 이하의 물과 식품을 먹고 있다면 2가지 이유에서 정말로 걱정할 필요가 없다.

첫 번째는 음식물을 통해서 어머니의 몸에 들어온 방사성 요오드는 원래 갑상선에 모이기 쉬운 성질이 있기 때문에 어머니의 갑상선 덕에 혈중 농도가 내려간다.

두 번째는 장에서 흡수된 요오드는 지방에 녹는 성질의 것이 적기 때문에 모유로 흘러가지 않는 성질이 있다. 그 결과 어머니가 1 베크렐의 방사성 요오드를 흡입했을 때 모유를 먹은 아기가 받는 방사선 양은 0.05마이크로시버트 정도라고 국제방사선방호위원회가 평가하고 있다.

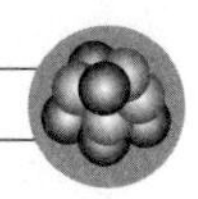

즉, 어머니가 '잠정기준(1리터당 300베크렐)'에 겨우 근접한 수치의 방사성 요오드를 포함한 물을 1리터 마셨을 때 모유를 통해 아기가 받는 방사선 양은 20마이크로시버트를 넘지 않게 된다.

방사성 요오드의 반감기는 8일이다. 그러므로 앞으로 원자력 발전소에서 큰 방출이 반복되지 않는 한 식품이나 음료수 속의 방사성 요오드의 농도는 3월의 대방출에서 3개월이 지나면 1000분의 1이 된다.

그러므로 3월 이후 수돗물을 매일 1리터 마시고 수유했다 하더라도 아기가 받는 선량은 합계 200마이크로시버트를 넘지 않는다.

또한 200마이크로시버트라는 방사선 양은 예를 들면 일본과 유럽을 비행기로 왕복했을 때에 우주선으로부터 받는 방사선 양과 같은 정도이다.

칼럼 연간 20밀리시버트라는 기준

방사선 작업을 하는 사람의 선량제한 중에, 5년에 100 밀리시버트라는 보조 한도를 이용해 산출한 수치가 1년에 20밀리시버트이다(평상시의 관리기준). 이 수치는 방사선 작업자의 평생 선량이 1시버트를 넘지 않도록 한다는 의미도 가지고 있다. 그리고 그 범위의 방사선이라면 건강에 미치는 영향은 거의 무시해도 좋을 것이라 생각된다.

ICRP는 원자력 발전소의 사고와 같은 긴급사태 시에 인명구조나 사태를 수습하기 위해 투입되는 지원자에게는 선량제한을 설정하지 않고, 사태가 계속되는 동안에 일반 사람들이 받는 방사선의 양을 1년에 20밀리시버트에서·5년에 100밀리시버트의 범위에 둔 관리목표로 방호조치할 것을 권고하고 있다.

이 권고에 기초해서 발전소 부지 내에서 긴급작업에 투입된 사람들에 대해서는 현재 250밀리시버트의 선량제한을 설정하고, 일반인들에 대해서는 권고가 가장 낮은 수치인 1년에 20밀리시버트에 기초해서 계획적 피난구역을 설정했다. 그러나, 20밀리시버트라는 수치를 "ICRP가 사고로 오염된 환경에서 계속 살 경우의 관리목표로 권고한, 1년에 1밀리시버트에서 20밀리시버트 범위의 최대치"로 설명한 데서 혼란이 시작되었다. 그 결과 방사선 감수성이 높은 아이들에 대한 관리목표는 "처음부터 1년에 1밀리시버트라는 최소치로 설정해야 한다."고 주장하는 의논이 시작되었다.

피난이 계속되고 있는 시점에 긴급사태가 종식됐다고 간주할 것인지의 여부는 관점의 문제이다. 하지만, 1년에 20밀리시버트라는 수치는 관리목표이므로 그것을 초과하는 지역은 그 이하가 되도록 해야 하고, 그것을 하회하는 지역은 다음의 보다 작은 관리목표를 설정해서 방사선 수준을 끌어내리는 노력을 계속하여 최종적으로 1년에 1밀리시버트 이하를 목표로 하면 된다.

8장

방사선 · 방사능 사고

8-1 체르노빌 원전 사고는 어떤 것이었는가?

A

사고를 일으킨 체르노빌 원자력 발전소 제4호 원자로는, 플루토늄 제조용 흑연로를 민생용으로 전용한 설계로, 중성자를 흑연으로 감속하고, 연료집합체마다 순환하는 물로 노심을 냉각하는 구조였다.

이 형태의 원자로는 운전 중에도 연료봉을 교환할 수 있기 때문에 가동률이 높다고 알려져 있지만, 세계의 발전로 대부분을 차지하는 경수로가 갖는 자율적인 안전성([Q5-2] 참조)이 약하고, 효율성을 추구한 설계로 인해 제어봉을 완전히 뽑은 상태에서 원자로를 긴급정지하면 원자로의 출력이 일시적으로 상승하는 문제점이 있었다.

사고 당시 폭발한 4호기에서는 비상시에 긴급 냉각장치의 펌프를 움직이는 전력을, 발전 터빈의 관성을 이용해서 발전하는 실험을 하고 있었다. 원자로가 장시간 저출력으로 운전되었기 때문에 연료 안에 중성자를 흡수하는 제논(^{135}Xe)이 계속 축적되었고, 원자로의 출력을 유지하기 위해 사고 직전에는 많은 제어봉이 뽑혀 있었다. 사고는 불안정한 원자로를 긴급정지하려고 했을 때, 제어봉 투입 시에 생기는 일시적인 출력 상승이 원자로를 제어할 수 없는 폭주 상태로 빠뜨린 결과라고 생각되고 있다.

원자로의 폭주가 일으킨 수증기 폭발로 원자로 용기의 뚜껑이 날라가 원자로 건물의 천장이 파괴되었다. 이어서 불활성 가스로 채워져 있던 원자로 용기 내에 공기가 유입되었기 때문에 감속재인 흑연이 비산하여 화재가 발생, 검은 연기와 함께 대량의 방사성 물질이 대기 중으로 방출되었다.

화재는 10일에 걸쳐 계속되었고 방사성 물질의 방출이 계속되었다. 말하자면 알몸이 노출된 원자로에서 화재의 상승기류를 타고 비교적 잘 날아가지 않는다고 알려진 스토론튬(^{90}Sr)과 플루토늄(Pu)까지 멀리 퍼져갔다. 사고 당시 발생한 방사성 물질은 체르노빌 주

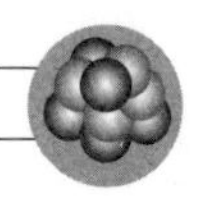

변에 있는 러시아, 벨라루스, 우크라이나뿐만 아니라 유럽 곳곳으로 확산되었고, 편서풍에 실린 방사성 물질은 사고로부터 1주일 정도 후에는 일본의 각지에서도 검출되었다([Q4-4] 그림 참조).

원자력 발전소 직원과 소방대원 28명이 크립톤(^{85}kr)를 포함한 공기에 노출되어 대량의 베타선을 피부에 받은 것 때문에 심한 전신 화상으로, 사고 후 수일 이내에 사망하였다. 발전소에서 가장 가까운 도시 프리피야티에는 4만명 이상의 주민이 피난하고 있었는데, 대피지시가 나오기 까지는 실내대피 등 어떤 조치도 취해지지 않았다.

주민의 대피는 점점 확대되어 5월 중순까지 30 킬로미터 권내의 11만명 이상이, 그 후 몇년 동안에 23만명이 오염농도가 높은 지역에서 이주되었다. 그러나 사고 후 20년이 지난 지금까지 약 500만명이 사고 직후에 방사성 세슘으로 1평방미터당 37킬로베크렐 이상 오염된 땅에서 살고 있다. 그 중 약 27만명이 살고 있는 곳은, '엄격 경계구역'으로 분류되고 있는 방사선 세슘의 오염이 1평방미터당 555킬로베크렐을 넘었던 지역이다. 발전소에서 30킬로미터 권내는 현재까지도 허가 없이는 일반인 출입이 금지된 구역이다.

1986년부터 1987년에 걸쳐 원자로 주변에 산란하는 방사성 오염 물질을 제거하고 파괴된 원자로를 처리하기 위해 군대와 발전소 직원, 경찰, 소방대원 등 약 35만명이 동원되었다. 이 중 약 24만명은 원자로의 주변 구역에서 처리작업을 하는 동안 비교적 많은 방사선에 노출되었다.

그 중에는 비산한 원자로의 파편(주로 흑연 감속재)을 거의 사람이 처리하는 초기의 긴급작업에 투입된 작업자들이 100밀리시버트를 넘는 방사능에 피폭되었다. 이들 중 116명이 급성 방사선 증상을 보였고, 그 중 19명이 백혈병으로 사망했다. 방사선에 심하게 노출됐던 긴급작업에 종사한 사람들의 백혈병 발병률은 평균치의 2배로 증가한 것으로 보인다. 그러나, 오염지역에 사는 사람들에게서는 어른도 아이들도 보통 사람보다 높은 백혈병 발생 징후는 보이지 않고 있다. 원폭 피해자 조사 결과로부터도 사고로부터 20년 이상 경과하면 높은 백혈병 발생 위험에서 벗어나는 것으로 나타나고 있다.

체르노빌 원전사고 당시, 현재의 벨라루스, 러시아, 우크라이나의 오염지구에서 어린시절이나 사춘기를 보낸 사람들 사이에서 갑상선 종양 발생이 늘어난 것은 사실이다. 지금까지 3개국에서 사고 시 18세 미만이었던 사람들 중 약 5천명에게서 갑상선암이 발견되었다.

이들 갑상선암의 대부분은 원자로에서 방출된 방사성 요오드가 목장에 내려 쌓여 오염된 목초를 먹은 소의 우유를 마신 결과라고 추정되고 있다. 요오드(^{131}I)의 반감기는 약 8일밖에 되지 않는다. 그러므로 사고 후 몇 개월 동안 아이들에게 그 고장의 우유를 마시지 않게 했다면, 방사선에 의한 갑상선암의 유발을 미연에 예방할 수 있었을 것이다. 단, 5천 명 중에는 집중적인 건강진단을 했기 때문에 일반적으로는 발견되지 않는, 증상을 동반하지 않는 갑상선 종양도 포함되어 있을 것으로 보인다.

신생아에게 선천적인 기형이 증가하고 있다는 보도를 접하면 임신 중에 방사선에 노출되는 것을 두려워하기 마련이다. 그러나 원폭 방사선을 받은 사람들에 관한 조사에서는 그러한 사실을 입증할 역학적인 증거는 없다. 체르노빌 주변의 오염구역에 사는 사람들에

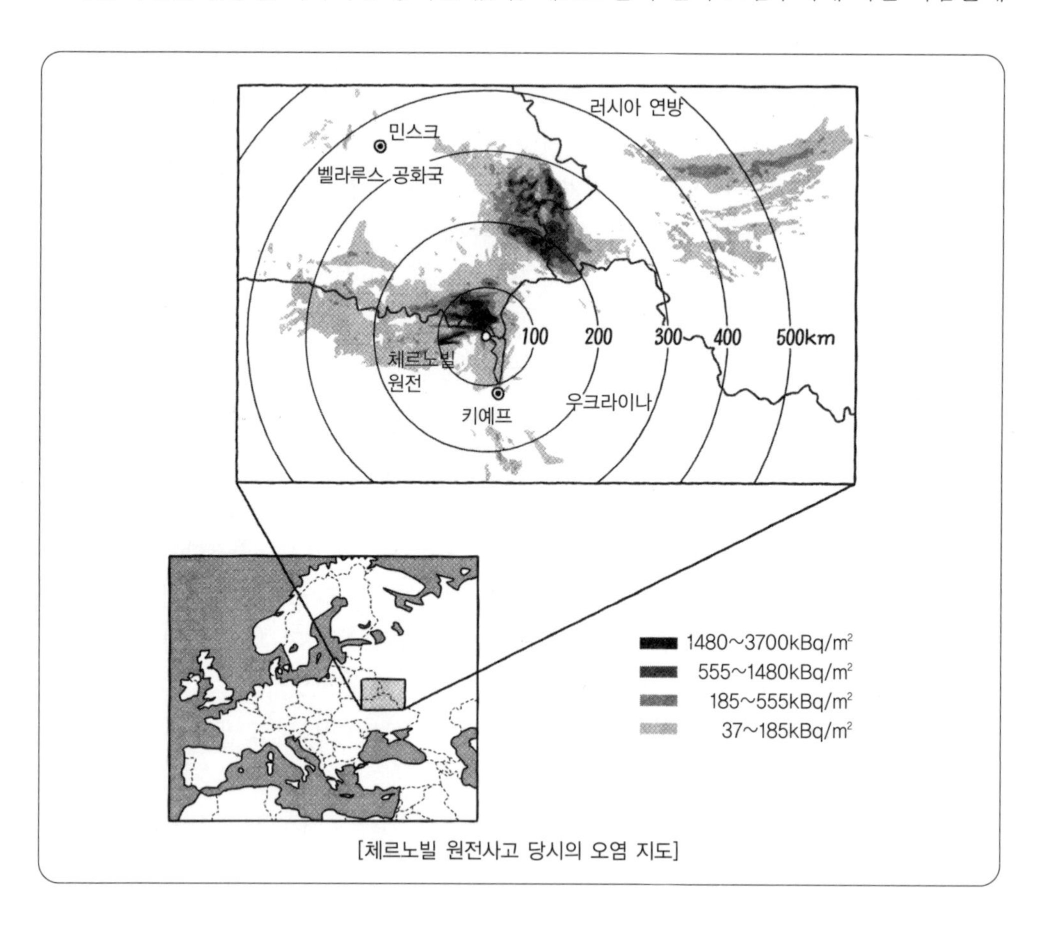

[체르노빌 원전사고 당시의 오염 지도]

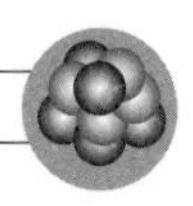

관한 조사에서는 오히려 저오염구역 쪽이 높은 발생률을 보인 것으로 나타났다([Q6-7]의 그림). 물론 여기에 의미를 둘 필요는 없다.

장래의 문제로서, 방사선에 기인하는 높은 발암률이 염려된다. 여러 분야의 연구자들이 원폭 방사선을 받은 사람들의 데이터와 LNT 모델에 기초해서 이것을 평가하고 있다. IAEA는 선량이 많았던 작업자와 원자로 주변에서 피난시킨 주민과 고오염지역 주민(약 60만 명) 중에서 4천 명의 암 사망자가 더 나온 것으로 평가했다. 이것은 자연적인 발증에 의한 암 사망자를 3~4% 증가시킨 것이다. 이러한 평가를 하는 것은 유효선량이나 ICRP의 리스크 계수의 올바른 사용법은 아니다. 하지만 암의 증가가 IAEA의 예측대로 일어났다 해도, 자연적으로 발증하는 암의 변동 속에 묻혀 확인하는 것은 거의 불가능할 것이다.

또한 체르노빌 원자력 발전소의 사고원인을 조사한 IAEA의 전문가회의는 원자로 구조상의 문제뿐만 아니라 사고 당일 행해졌던 실험의 안전관리 체제에 중대한 요인이 있었다고 결론 내렸다.

즉 실험직원 스스로가 시험에 관한 안전관리를 판단하고 있었기 때문에 안전상의 결단을 늦게 내리는(또는 문제의 징후를 인식하고도 굳이 실험을 계속한) 결과를 초래했다고 보는 것이다. 그 때문에 원자력 시설에서는 시설관리와 분리된 독립된 조직에 안전에 관한 판단을 맡기는 체제(제삼자 안전관리)가 필요하다고 권고하였다.

8-2 이전에 방사성 세슘(^{137}CS)으로 오염된 사고가 있었는가?

A

1985년 말에 리우데자네이루에서 북서쪽으로 1300킬로미터 쯤 떨어진 고이아니아에서 한 방사성 치료시설이 이전할 때, 세슘(^{137}Cs)의 방사선원 조사장치를 방치한 채 떠나 버렸다. 방사선 안전에 관한 브라질의 규칙은 다른 나라와 거의 같지만, 브라질 규제당국은 세슘(^{137}Cs) 조사장치가 방치된 것을 전혀 모르고 있었다. 방사선 치료시설이 있던 건물은 대부분 철거되었지만, 세슘(^{137}Cs) 조사장치가 설치되어 있던 건물은 그대로 폐허가 되었고, 그곳에 노숙자들이 정착하였다. 1987년 9월 13일, 주변에 사는 두 젊은이가 이 유기된 건물 안에서 의료기기를 발견하고 값어치 있을 것으로 생각해, 조사 헤드 속 납 차폐 중에 선원용기를 넣은 그대로 부품을 뜯어 가져갔다. 이 선원용기 안의 세슘(^{137}Cs)의 방사능 강도는 거의 50테라베크렐이었고, 선원용기에서 1미터 떨어진 곳의 방사선 강도는 최대 1시간에 4그레이 이상이었다.

두 사람은 가져온 부품을 분해해, 폐품수집상에게 팔아넘겼다. 그날 밤, 폐품수집상은 두 사람이 선원용기에 뚫은 구멍에서 푸른 빛이 새어나오고 있는 것을 발견하고, 신기하게 생각해 이웃과 친척, 지인들에게 보이고, 그 중 몇 명에게는 쌀알 크기의 선원 파편을 선물하기도 했다.

용기에 들어 있던 세슘(^{137}Cs)은 조해성이 있는 염화세슘이었기 때문에 파편은 머지않아 가루가 되어 버렸다. 사람들 중에는 그 가루를 화장품처럼 피부에 바른 사람도 있었다. 파편이나 분말을 취급한 사람들은 주로 오염된 손을 통해 입을 거쳐 세슘(^{137}Cs)을 몸 안에 흡입하게 되었다. 1개월 정도 뒤에 사망한 6세 소녀의 경우는 선원 파편을 가지고 놀던 손으로 샌드위치를 먹었기 때문에 대략 1기가베크렐의 세슘(^{137}Cs)을 체내에 흡입하게 되었다.

그 선원 파편은 주거지뿐 아니라 그 주변 환경을 오염시켰다. 그리고 거의 2주 동안 세슘(^{137}Cs)의 오염은 순식간에 퍼져서, 사건이 뚜렷하게 드러나 광범위한 모니터링이 행해졌을 때에는 인구 80만의 도시 중 거의 1 평방킬로미터의 범위가 오염되었다.

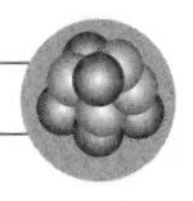

병원의 폐허에서 방사선원을 가져온 두 사람은 그 날 구토 증세가 시작되었고, 다음 날에는 한 명이 설사를 하고 팔이 부풀어 올랐다. 그의 증상은 식중독이라 진단되었고, 자택에서 잠시 안정을 취하라는 조언을 받았다. 하지만 증상은 조금도 좋아지지 않았고, 방사선원을 집으로 가져온 지 10일 후에는 병원으로 수용되어 풍토병이라고 진단받고 전문병원으로 옮겨졌다. 폐품수집상의 부인도 그 2~3일 후부터 구토와 설사 증상이 일어났고, 병원에서 식중독 진단을 받았다. 그로부터 1주도 되지 않아서 상태가 나쁜 사람이 몇 명 더 나왔다. 푸른 빛을 내는 가루가 병의 원인이라고 확신한 폐품수집상 부인은 문제의 그 부품을 넣은 가방을 고용인에게 들게 해 시내의 병원을 찾았다.

그들도 풍토병이라 진단되어 전문병원으로 옮겨졌다. 세슘(^{137}Cs)에 오염된 다른 사람들도, 같은 증상으로 잇따라 풍토병 전문병원으로 수용되었다. 이 즈음에 드디어 의사들이 환자들의 피부상해를 방사선에 의한 것이 아닌가 의문을 품기 시작했다. 의사들의 요청을 받은 방사선 전문가가 방사선 측정기를 가지고 폐품수집상 부인이 가져온 가방이 있는 병원으로 가까이 다가가자 측정기 미터가 맹렬한 반응을 시작해 방치되어 있던 대규모 방사선원의 존재가 분명하게 드러나게 되었다.

보고를 받은 브라질 정부와 원자력청이 오염된 구역을 격리하고 사람을 피난시켰다. 축구장에 설치된 피난소는 오염검사를 하는 검사장으로도 사용되었는데, 대략 11만명이 오염검사를 받았고 그 중 249명의 오염이 발견되었다. 단 내부피폭이 있었던 건 그 중의

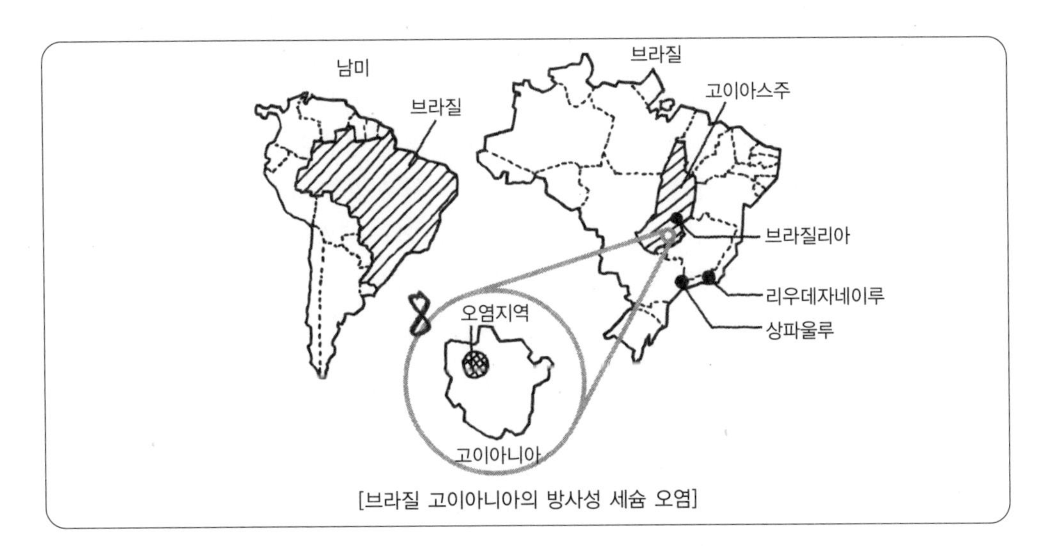

[브라질 고이아니아의 방사성 세슘 오염]

129명으로, 나머지는 의복만 오염되었다.

내부피폭이 있었던 129명 중 50명은 급성 방사선 증상을 보였기 때문에 엄중한 의학적 관리를 받았다. 그 중 14명은 중정도에서 중증의 조혈기능장해를 일으켜 리우데자네이루 전문병원에서 집중치료를 받았는데, 4명은 출혈과 패혈증으로 사망하였다.

0.1그레이 이상의 방사선을 받았을 가능성이 있는 110명은 백혈구의 염색체 이상을 이용한 방법으로 방사선 양을 평가받았는데, 21명이 1그레이 이상의 방사선을 받았고, 그 중 8명은 4그레이를 넘은 것으로 밝혀졌다.

입으로 들어간 세슘은 소화관에서 빠르게 흡수되어 혈류를 타고 전신으로 운반되어 주로 근육에 분포한다. 그러나 시간이 지나면 나트륨 등과 함께 서서히 소변이나 대변으로 배출된다. 그래서 세슘(^{137}Cs)을 먹은 사람들의 치료에 안료인 프러시안 블루가 하루 6회 투여되었다. 프러시안 블루와 결합한 세슘은 장에서 재흡수되지 않기 때문에 연속적으로 경구 투여한다면 세슘 배출을 촉진할 수 있다([Q6-13] 참조). 피해자의 증언에 기초한 조사에서 85군데의 건물 오염이 판명되었다. 그 중 바닥에서 1 미터 높이의 선량률이 매시 10마이크로시버트 이상이었던 41개소의 건물에서는 200여명의 거주인이 강제 퇴거되었다. 또한 방사선 측정기를 탑재한 헬리콥터가 시가지의 거의 전역을 하늘에서 관측하고 지상도 측정해, 7개소의 오염 중심지를 둘러싼 약 1평방 킬로미터의 오염구역을 확정했다.

그리고 밝혀진 오염구역에는 오염의 정도에 따라서 다양한 회복조치가 강구되었다. 폐품수집상의 집 등 오염이 심한 12 곳은 기준 이하로 오염을 제거할 수 없기 때문에 해체 처분되었다. 해체되지 않은 가옥은 모든 가재를 운반해 놓고 오염된 의복이나 오염을 제거하기 곤란한 가재를 방사성 폐기물로 분류한 뒤, 고효율 필터를 장비한 청소기로 청소했다. 특히 오염되기 쉬운 장소인 가옥의 바닥은 다행히도 대부분 타일로 되어 있었기 때문에 프러시안 블루를 섞은 산성 용액으로 세정함으로써 오염을 제거할 수 있었다.

오염된 표층이 제거되었고, 오염이 심한 구역에서는 표층을 제거한 후 일대를 오염되지 않은 흙으로 덮었다. 이 과정에서 판명된 중요한 것은 오염 물질이 염화세슘이라는 매우 용해성이 강한 물질로, 제법 많은 비가 내렸음에도 불구하고 토양의 심층부에는 거의 침투하지 않았다는 점이다. 이것은 체르노빌 원전사고의 세슘(^{137}Cs)으로 오염된 지역에서 관측된 사실과도 일치한다.

이러한 오염 제거작업 결과, 약 3500입방미터의 오염물을 3800개의 200리터 드럼캔과 1400개의 금속상자(용량 5t) 및 10개의 수송용 컨테이너에 넣어 매설 처분했다.

방사능 제염 원칙

방사성 오염물질을 처리하는 데는 세 가지 원칙이 있다. (1) 가능한 한 오염이 확산되지 않도록 하고, (2) 오염을 봉쇄하며, 그리고 (3) 봉쇄한 오염을 확실히 관리하는 것이다. 후쿠시마 원전 사고 3개월 후부터 문제가 된 오염은 방사성 세슘(^{137}Cs과 ^{134}Cs)에 의한 것이다. 지면에 내려앉은 방사성 세슘은 점토의 미립자에 흡착되는 성질이 있기 때문에 토양이 비교적 얕은 장소나 풀뿌리에 쌓인다.

그러므로 (1) 토양의 가장 위에 있는 표층을 살짝 박리하고, 그것을 (2) 비닐 봉투나 시트로 감싸서 (3) 내부를 점토로 붙인 처분장에서 안전하게(세슘이 점토층을 거의 침투할 수 없다는 점을 알고 있기 때문에) 보관, 관리할 수 있다.

방사성 물질로 오염된 기체나 액체는 필터나 그 외의 처리로 최대한 오염을 제거한 뒤 배기, 배수해서 환경 속에서 엷은 농도로 확산시켜 무해화하는 방책이 강구되고 있다.

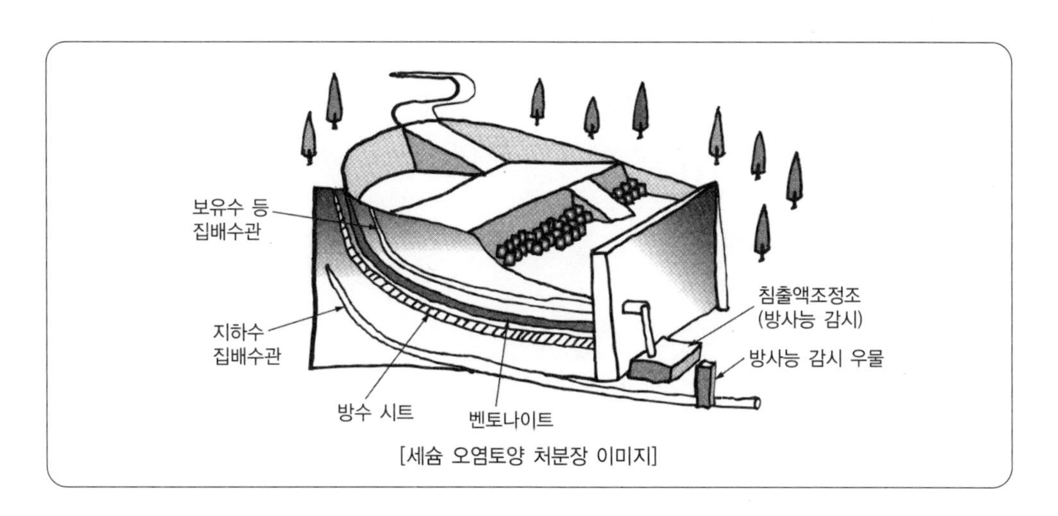

[세슘 오염토양 처분장 이미지]

[방사선·방사능 관련 주요 사건]

1895년	엑스선의 발견(뢴트겐)
1896년	방사능의 발견(베크렐)
1896년	엑스선 조사에 의한 탈모 논문(「사이언스」 4월호)
1897년	전자의 발견(J. J. 톰슨)
1898년	방사능의 연구와 명명(퀴리 부부)
1899년	알파선·베타선의 발견(러더퍼드)
1900년	감마선의 발견(바이럴)
1905년	광양자(광자) 가설(아인슈타인)
1905년	특수상대성이론(아인슈타인)
1911년	원자핵의 발견(러더퍼드)
1912년	동위원소의 발견(J. J. 톰슨)
1912년	우주선(宇宙線)의 발견(헤스)
1919년	핵반응의 발견(러더퍼드)
1919년	양성자의 발견(러더퍼드)
1925년	제1회 국제방사선의학회의(오늘날의 ICRP와 ICRU의 탄생)
1925년	내용선량의 개념 제창(머첼라)
1927년	엑스선에 의한 인공돌연변이의 발견(뮐러)
1928년	통일 엑스선 단위 〈뢴트겐〉이 제정됨(현재의 ICRU)
1931년	세계 최초의 선량한도 1일 2뢴트겐 권고(현재의 NCRP)
1931년	세계 최초의 사이클로트론 발명(로렌스)
1932년	중성자의 발견(채드윅)
1932년	양전자의 발견(앤더슨)
1932년	핵융합반응의 발견(콕크로프트와 월턴)
1938년	핵분열의 발견(한과 마이트너)
1942년	세계 최초의 원자로(페르미)
1945년	히로시마, 나가사키의 원폭 투하
1953년	원자력의 평화 이용 시작되다(atoms for peace = 아이젠하워)
1955년	원자력 기본법의 제정

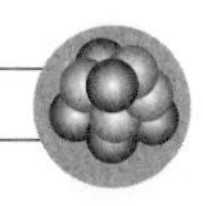

1956년	중성미자(뉴트리노)의 존재 검증(라이네스)
1957년	IAEA 설립
1958년	방사선장애방지법 제정
1958년	유전 영향을 중시해서 방사선 작업자의 연선량한도 5렘(50밀리시버트에 상당)과 대중의 연선량한도 0.5 렘을 권고(ICRP Publication 1)
1958년	방사대의 발견(밴 앨런)
1963년	부분적 핵실험금지조약
1964년	우주 배경복사 발견(펜지어스와 윌슨)
1977년	암 유발을 중시해서 유효선량 당량(오늘날의 유효선량)을 채택(ICRP Publication 26)
1980년	마지막 대기권 내 핵실험(중국)
1986년	체르노빌 원자력 발전소 사고
2011년	후쿠시마 제1 원자력 발전소 사고

질의 응답으로 알아보는
방사선·방사능 이야기

2018. 4. 30. 초 판 1쇄 발행
2021. 4. 9. 초 판 2쇄 발행
2022. 4. 25. 수정 1판 1쇄 발행

지은이 | 타다 준이치로
번역 | 김기복
감역 | 정홍량
펴낸이 | 이종춘
펴낸곳 | BM (주)도서출판 성안당
주소 | 04032 서울시 마포구 양화로 127 첨단빌딩 3층(출판기획 R&D 센터)
10881 경기도 파주시 문발로 112 파주 출판 문화도시(제작 및 물류)
전화 | 02) 3142-0036
031) 950-6300
팩스 | 031) 955-0510
등록 | 1973. 2. 1. 제406-2005-000046호
출판사 홈페이지 | **www.cyber.co.kr**
ISBN | 978-89-315-5860-9 (13560)
정가 | 23,000원

이 책을 만든 사람들
책임 | 최옥현
교정·교열 | 김정아
전산편집 | 김인환
표지 디자인 | 박원석
홍보 | 김계향, 이보람, 유미나, 서세원, 이준영
국제부 | 이선민, 조혜란, 권수경
마케팅 | 구본철, 차정욱, 오영일, 나진호, 이동후, 강호묵
마케팅 지원 | 장상범, 박지연
제작 | 김유석

이 책의 어느 부분도 저작권자나 BM (주)도서출판 성안당 발행인의 승인 문서 없이 일부 또는 전부를 사진 복사나 디스크 복사 및 기타 정보 재생 시스템을 비롯하여 현재 알려지거나 향후 발명될 어떤 전기적, 기계적 또는 다른 수단을 통해 복사하거나 재생하거나 이용할 수 없음.

■ **도서 A/S 안내**

성안당에서 발행하는 모든 도서는 저자와 출판사, 그리고 독자가 함께 만들어 나갑니다.
좋은 책을 펴내기 위해 많은 노력을 기울이고 있습니다. 혹시라도 내용상의 오류나 오탈자 등이 발견되면 **"좋은 책은 나라의 보배"**로서 우리 모두가 함께 만들어 간다는 마음으로 연락주시기 바랍니다. 수정 보완하여 더 나은 책이 되도록 최선을 다하겠습니다.
성안당은 늘 독자 여러분들의 소중한 의견을 기다리고 있습니다. 좋은 의견을 보내주시는 분께는 성안당 쇼핑몰의 포인트(3,000포인트)를 적립해 드립니다.

잘못 만들어진 책이나 부록 등이 파손된 경우에는 교환해 드립니다.